मेंडेलीफ

किशोर ज्ञान-विज्ञान माला

मेंडेलीफ

गुणाकर मुळे

राजकमल प्रकाशन
नयी दिल्ली पटना

मूल्य : ₹ 95

राजकमल, पहला संस्करण : 2004
पहली आवृत्ति : 2009
दूसरी आवृत्ति : 2011

प्रकाशक : राजकमल प्रकाशन प्रा. लि.
1-बी, नेताजी सुभाष मार्ग
नई दिल्ली-110 002

शाखाएँ : अशोक राजपथ, साइंस कॉलेज के सामने, पटना-800 006
पहली मंजिल, दरबारी बिल्डिंग, महात्मा गांधी मार्ग, इलाहाबाद-211 001

वेबसाइट : www.rajkamalprakashan.com
ई-मेल : info@rajkamalprakashan.com

आवरण व सज्जा : राजकमल स्टूडियो

मुद्रक : बी.के. ऑफसेट
नवीन शाहदरा, दिल्ली-110 032

MENDELEEV
by Gunakar Muley

ISBN : 978-81-267-0879-6

अपनी बात

आज यदि हम किसी स्कूल-कालेज में रसायन-विज्ञान की प्रयोगशाला या कक्षा में जाएं, तो वहां दीवार पर टंगा हुआ एक चार्ट अवश्य देखने को मिलेगा। यह है – तत्वों की "आवर्त्त-तालिका" का चार्ट, जिसकी खोज रूस के महान वैज्ञानिक दिमित्री मेंडेलीफ (1834-1907 ई.) ने 1869 ई. में की थी। इस आवर्त्त-तालिका को देखने से ही तत्वों के परमाणु-भार और उनके अन्य कई गुणधर्मों के बारे में तत्काल जानकारी मिल जाती है।

मेंडेलीफ के पहले तत्वों के अध्ययन में कोई तारतम्यता नहीं थी। मेंडेलीफ ने तत्वों को उनके परमाणु-भार के अनुसार सात स्तंभों की एक तालिका में सजाया, तो उनमें एक नियमबद्धता दिखाई दी। वस्तुजगत में जहां पहले अनेकरूपता दिखाई देती थी, उसके मूल में यह अद्‌भुत एकसूत्रता प्रकट हुई।

प्रकृति का कोई भी व्यापक नियम पहले की जानकारी को तो एकसूत्रता में बांधता ही है, नए तथ्य खोजने में भी सहायक बनता है। अपनी आवर्त्त-तालिका के आधार पर मेंडेलीफ तत्वों के गुणधर्मों के बारे में नई-नई जानकारी प्रस्तुत करने में समर्थ हुए। उन्होंने ऐसे कई तत्वों के होने के बारे में भविष्यवाणी की,

जिन्हें तब तक प्रकृति में नहीं खोजा गया था। उनकी भविष्यवाणियां सच साबित हुईं।

मेंडेलीफ ने जब आवर्त्त-तालिका की खोज की, तब वैज्ञानिकों को 63 मूलतत्व ही मालूम थे। उस समय आवर्त्त-तालिका में कई स्थान अभी खाली थे। लेकिन मेंडेलीफ के जीवनकाल में 86 तत्व खोजे जा चुके थे। आज यदि हम आवर्त्त-तालिका को देखें, तो उसमें 110 के आसपास तत्व दिखाई देंगे। उसमें आप यह भी देखेंगे कि 101 नंबर के तत्व का नाम 'मेंडेलेवियम' है – मेंडेलीफ की महान खोज 'आवर्त्त-तालिका' में स्वयं उनके नामवाला एक तत्व!

मेंडेलीफ का जीवन परिश्रम, लगन, त्याग और सेवाभाव की एक लंबी गाथा है। वे अपने स्वभाव में ही नहीं, वेश-भूषा में भी एक ऋषि-मुनि जैसे दिखते थे। वे एक सफल अध्यापक थे। उनके विद्यार्थी उन्हें बेहद प्यार करते थे। उनकी शवयात्रा में उनके विद्यार्थी एक लंबे-चौड़े बोर्ड को ऊपर उठाए आगे-आगे चल रहे थे। उस बोर्ड पर अंकित थी मेंडेलीफ की महान खोज– तत्वों की आवर्त्त-तालिका !

यह पुस्तक मैंने लगभग पैंतीस साल पहले लिखी थी और तीन बार छपने के बाद पिछले कई सालों से अप्राप्य थी। अब मैंने इसे दोबारा लिखा, इसमें नई सामग्री का समावेश किया और अनेक नए चित्र जोड़े। पुस्तक के अंत में "तत्वों की खोज का विवरण" जोड़ा है, जिसे रसायन-विज्ञान के विद्यार्थी बहुत उपयोगी पाएंगे। पुस्तक की सुंदर कंप्यूटर-सज्जा का श्रेय राजकमल के श्री नरेश कुमार को है।

आशा है, विज्ञान के विद्यार्थी, और अध्यापक भी, "मेंडेलीफ" के इस नए संशोधित संस्करण को प्रेरणाप्रद और उपयोगी पाएंगे।

–गुणाकर मुळे

'अमरावती'
सी-210, पांडव नगर, दिल्ली - 110092
20 जनवरी, 2004

एक दिन की बात

एक दिन की बात है...

मुकुंद बड़ा खुश नज़र आ रहा था। आठवीं में उत्तीर्ण होने के बाद अब वह नौवें दर्जे में पढ़ने लग गया था। नौवें दर्जे की पढ़ाई शुरू हुए अभी मुश्किल से पांच दिन हुए थे। इस साल उसे कुछ नए विषय पढ़ने थे – भौतिकी, रसायन, जीव-विज्ञान ...। इन नए विषयों की नई-नई बातें।

रात को भोजन के बाद मुकुंद के दादा ने उससे पूछा : "मुकुंद, बड़े खुश दिखाई दे रहे हो! क्या बात है ?"

"दादाजी ! आज स्कूल में मुझे एक नई बात का पता चला। अब मैं जान गया हूं कि हमारे इस संसार में असल में मूल वस्तुएं कितनी हैं।"

"कितनी वस्तुएं हैं ? अनगिनत वस्तुएं हैं। पर हमारी पुरानी पुस्तकों में लिखा हुआ है कि मूल वस्तुएं केवल पांच ही हैं – मिट्टी, पानी, हवा, आग और आकाश। इन्हीं मूल पांच वस्तुओं

से यानी 'पंचतत्वों' से संसार की सारी वस्तुएं बनी हैं।"

"नहीं दादा ! मूल वस्तुएं केवल पांच नहीं हैं। इससे अधिक हैं। आज हमारे रसायन के अध्यापक ने बताया कि मूल वस्तुएं, यानी मूलतत्व, 92 हैं। इन्हीं 92 तत्वों से संसार की सारी वस्तुएं बनी हैं। आज मैंने अपनी कक्षा की दीवार पर इन तत्वों का एक चार्ट टंगा देखा। उस चार्ट के ऊपर बड़े-बड़े अक्षरों में लिखा था — 'मेंडेलीफ की आवर्त्त-तालिका'। हमारे अध्यापक ने आज हमें बताया कि इस चार्ट में संसार की अनगिनत वस्तुओं का राज छिपा हुआ है।"

मुकुंद के पिता भी वहां मौजूद थे। वह ध्यान से मुकुंद की बातें सुन रहे थे। उन्होंने पूछा : "क्या तुम जानते हो कि उस चार्ट की, मेंडेलीफ की उस आवर्त्त-तालिका की, खोज कैसे हुई ? कब हुई ? मेंडेलीफ कौन थे ? पुराने जमाने के लोग पंचतत्व में विश्वास करते थे, पर बाद में ये 92 तत्व कैसे खोजे गए ?"

"नहीं। हमारे अध्यापक ने उस तालिका की खोज के बारे में हमें कुछ नहीं बताया। सिर्फ इतना ही बताया कि इस तालिका की खोज मेंडेलीफ नाम के एक महान वैज्ञानिक ने की थी," मुकुंद ने निराशा से उत्तर दिया।

मुकुंद के पिता रसायन-विज्ञान के प्राध्यापक थे। वह जानते थे कि इस आवर्त्त-तालिका की खोज कैसे हुई। बेटे से बोले :

"मैं तुम्हें बताता हूं कि मेंडेलीफ कौन थे और उन्होंने इस आवर्त्त-तालिका की खोज कैसे की। मैं तुम्हें पुराने जमाने के पंचतत्व के बारे में भी बताऊंगा। मैं तुम्हें यह भी बताऊंगा कि धीरे-धीरे मेंडेलीफ की उस तालिका के तत्वों की खोज कैसे हुई।"

मुकुंद तो ध्यान लगाकर सुन ही रहा था। तुम भी सुनो...

1

बहुत पहले की बात है। लोग उसके बारे में कहते थे – वह तो पागल है ! वह कणों को खाता है ! कहता है, संसार की सारी वस्तुएं छोटे-छोटे कणों से बनी हैं। कण भी इतने छोटे कि उन्हें हम अपनी आंखों से भी नहीं देख सकते ! ऐसे कणों को वह अणु कहता है।

भला ऐसा भी कहीं हो सकता है ? इस संसार में नाना प्रकार की वस्तुएं हैं। ठोस वस्तुएं हैं। तरल वस्तुएं हैं। वायु है। आग है। सजीव वस्तुएं हैं। निर्जीव वस्तुएं हैं। क्या ये तमाम चीजें अणुओं से बनी हुई हैं ?

नहीं। ऐसा कहनेवाला निश्चय ही पागल है।

कहो उसे, "कणों को खानेवाला! ... कणों को खानेवाला !"

वह जा रहा है 'कण-आद' ! देखो, वह जा रहा है "कणों को खानेवाला" ...

कणाद ! कणाद !!

कौन था कणाद ?

2

लगभग दो हजार वर्ष पहले ...

हमारे देश में एक बड़े 'मुनि' हुए। उनका असली नाम कोई नहीं जानता। उनका मजाक उड़ाने के लिए उनके समय के लोगों ने उन्हें जो नाम दिया, उसी नाम से बाद में वह प्रसिद्ध हुए !

नाम था कणाद 'मुनि'। कणों को खानेवाले 'मुनि'!

कणाद मुनि ने कुछ सूत्र यानी संक्षिप्त नियम तैयार किए। ये सूत्र जिस पुस्तक में संगृहीत हैं वह 'वैशेषिक सूत्र' के नाम से प्रसिद्ध है। हमारे देश के पुराने ग्रंथों में यह एक बड़े महत्व का ग्रंथ है। इस ग्रंथ में जो बातें बतलाई गई हैं, उन्हें हम 'वैशेषिक दर्शन' कहते हैं। यह नाम इसलिए कि इसमें वस्तुओं की विशेषताओं का वर्णन है।

कणाद के पहले के पंडितों का मत था कि इस संसार में मूल वस्तुएं केवल चार-पांच ही हैं। इन्हीं चार-पांच वस्तुओं से सारा संसार बना है। ये मूल वस्तुएं या मूलतत्व थे – पृथ्वी, पानी, हवा और आग। कोई-कोई इनके अलावा आकाश को भी मूलतत्व

मानता था। उनका विचार था कि इन्हीं पांच तत्वों से सारा संसार बना है।

लेकिन कणाद के विचार भिन्न थे। उनका कहना था कि मूलतत्व छह हैं – द्रव्य, गुण, कर्म, सामान्य, विशेष और समवाय।

मिट्टी से हम घड़े, ईंटें आदि बनाते हैं। ये घिसकर या टूटकर फिर मिट्टी बन जाते हैं। उस मिट्टी से हम फिर घड़े बना सकते हैं। हम देखते हैं कि टूटने-जुड़ने पर भी मिट्टी, मिट्टी ही बनी रहती है। इसी एक-जैसी रहनेवाली मूल वस्तु को कणाद ने द्रव्य का नाम दिया।

आगे उन्होंने कहा : द्रव्य नौ प्रकार के हैं – पृथ्वी, जल, अग्नि, वायु, आकाश, काल, दिशा, आत्मा और मन।

कणाद के पास आजकल-जैसी कोई प्रयोगशाला नहीं थी। तब वे कैसे जानते कि पृथ्वी, यानी मिट्टी, अनेक अन्य मूलतत्वों से बनती है? हाइड्रोजन, आक्सीजन, नाइट्रोजन आदि अनेक गैसीय तत्वों के मेल से हवा बनती है, यह बात हमें अभी लगभग डेढ़ सौ साल पहले ही मालूम हुई। हाइड्रोजन और आक्सीजन मिलकर जल बनता है, यह बात भी हमें आधुनिक काल में ही मालूम हुई। इसलिए कणाद ने जो द्रव्य गिनाए हैं वे असल में मूल द्रव्य नहीं थे।

फिर भी, कणाद ने इन मूलतत्वों के बारे में एक बड़े मार्के की बात कही। उन्होंने कहा कि ये सारे पदार्थ छोटे-छोटे अतिसूक्ष्म कणों या अणुओं से बने हैं। सभी प्रकार के द्रव्यों की इकाई अणु है। अणु अतिसूक्ष्म तो हैं ही, ये अविभाज्य

और अभेद्य भी हैं; अर्थात्, अणु इतने छोटे हैं कि आगे फिर इनके और टुकड़े करना संभव नहीं है।

जानते हो पदार्थ के इन सबसे छोटे टुकड़ों को आज हम क्या कहते हैं ?

आज हम इन्हें 'एटम' यानी परमाणु के नाम से जानते हैं !

तुम कहोगे : तो इसका मतलब यह हुआ कि अणु या परमाणु के बारे में सबसे पहले कणाद मुनि ने सोचा था। अणु की खोज कणाद ने की थी !

बात कुछ-कुछ सही है। लेकिन यह ध्यान में रहे कि कणाद ने केवल अपने दिमाग से अणुओं के बारे में सोचा था। उन्होंने प्रयोगशाला में अणु को देखा नहीं था। आज हमने अणुओं के बारे में इतनी अधिक खोज की है कि इन्हें हम 'इलेक्ट्रॉन-माइक्रोस्कोप' नामक यंत्र से देख भी सकते हैं!

लेकिन कणाद ने कहा था कि संसार की सारी वस्तुएं सूक्ष्म अणु या परमाणु से बनी हैं। यह बात बड़ी महत्व की है। उनके समय के दूसरे पंडितों ने उनकी इस सही बात का मजाक उड़ाया। उन्हें चिढ़ाने के लिए 'कणाद' नाम दिया। उनके परमाणुवाद का मखौल उड़ाया!

कणाद ने अपने दर्शनशास्त्र में द्रव्य की रचना, इसके गुण आदि के बारे में बातें कहीं, लेकिन उन्होंने अपनी पुस्तक में कहीं यह नहीं कहा कि इस संसार या इस संसार की तमाम वस्तुओं का निर्माण किसी ईश्वर ने किया है !

एक सच्चा किस्सा ...

लाप्लास (1749-1827 ई.)

फ्रांस के महान वैज्ञानिक लाप्लास (1749-1827 ई.) ने 'विश्व-यांत्रिकी' नाम का एक बड़ा ग्रंथ लिखा। उस ग्रंथ की एक प्रति उन्होंने नेपोलियन को भेंट की। नेपोलियन ने उस ग्रंथ को देखकर लाप्लास से कहा– "आपने विश्व की गतिविधि के बारे में इतना बड़ा ग्रंथ लिखा, लेकिन इसमें तो उस विश्व-निर्माता अर्थात् ईश्वर का एक बार भी जिक्र नहीं आया है !"

लाप्लास का उत्तर था, "मेरे ग्रंथ के विषय के लिए उस कल्पना की जरूरत नहीं थी।"

कणाद के विचार भी शायद लाप्लास जैसे ही थे। लेकिन उस समय के अधिकांश लोग काल्पनिक ईश्वर में यकीन करते थे। इसलिए उन्होंने कणाद के सही विचारों को भी स्वीकार नहीं किया। उलटे उन्होंने उन्हें चिढ़ाने के लिए नाम दे दिया– कणों को खानेवाला, ... कणाद !

लगभग कणाद के ही समय में यूनान में एक बड़ा विद्वान हुआ। उस विद्वान का भी कहना था कि संसार की सारी वस्तुएं परमाणुओं से बनी हैं। उसने इन परमाणुओं को 'एटम' का नाम दिया था। लेकिन कणाद की तरह उसके परमाणुवाद को भी बाद के विद्वानों ने भुला दिया !

तो क्या उसको भी चिढ़ाने के लिए कोई दूसरा नाम दिया गया था ?

नहीं, उसका असली नाम हमें मालूम है। आओ, उसके बारे में भी कुछ रोचक बातें जानें ...

देमोक्रितु ...

यही उस यूनानी विद्वान का नाम था। कणाद की तरह देमोक्रितु के जीवन के बारे में भी हमें कोई विशेष जानकारी नहीं मिलती। लेकिन इतना जरूर पता चलता है कि वह कणाद से कुछ पहले, ई.पू. पांचवीं शताब्दी में, पश्चिम एशिया के मिलेटुस् नगर में पैदा हुए थे।

देमोक्रितु (पांचवीं सदी ई.पू.)

देमोक्रितु के पहले यूनान के कई दार्शनिकों ने विश्व के मूलतत्वों के बारे में अपने-अपने मत जाहिर किए थे। थेल (लगभग 580 ई.पू.) का कहना था कि पानी मूलतत्व है। उसके शिष्य पाइथेगोर (छठी सदी ई.पू.) की मान्यता थी कि संख्या ही विश्व का मूलतत्व है, क्योंकि संसार की हर वस्तु को संख्या में व्यक्त किया जा सकता है। एक अन्य यूनानी विद्वान अनाक्सिमेन (लगभग 550 ई.पू.) का मत था कि वायु संसार का मूलतत्व है। हेराक्लितु (लगभग 500 ई.पू.) का कहना था कि इस विश्व में हर वस्तु लगातार बदलती रहती है। उनका प्रसिद्ध कथन है, "हम उसी नदी में दोबारा नहीं उतर सकते।" वे अग्नि को मूलतत्व मानते थे।

अलग-अलग मत, अलग-अलग मूलतत्व। प्रकृति की नाना

वस्तुओं को ऊपरी निगाह से देखकर ही इन विद्वानों ने अपने-अपने मतानुसार मूलतत्व की कल्पना की थी। लेकिन कोई भी उस बुनियादी ईंट की कल्पना नहीं कर सका जिससे प्रकृति के सारे पदार्थों की रचना हुई है।

अंत में देमोक्रितु ने कहा कि वह बुनियादी ईंट 'एटम' है। एटम इतना छोटा होता है कि फिर आगे इसके दो टुकड़े करना बिल्कुल संभव नहीं। यूनानी भाषा के 'एटम' शब्द का अर्थ ही है : 'ए' अर्थात् नहीं, 'टम' अर्थात् टूटनेवाला। एटम के बारे में देमोक्रितु के विचार लगभग वैसे ही थे जैसे कि कणाद के अणु के बारे में।

लेकिन बाद में यूनान में देमोक्रितु के विचारों का वही हाल हुआ जो कि भारत में कणाद के विचारों का हुआ। बाद के विद्वानों ने इन दोनों के परमाणुवाद की उपेक्षा की !

देमोक्रितु के बाद के यूनानी विद्वानों ने चार मूल तत्वों – पृथ्वी, जल, वायु और अग्नि – वाला सिद्धांत चलाया। अफलातून (प्लेटो) और अरस्तू (अरिस्टॉटल) जैसे प्रसिद्ध दार्शनिकों ने इस चार तत्वोंवाले सिद्धांत का पक्ष लिया। अरस्तू ने तो स्पष्ट रूप से देमोक्रितु के परमाणुवाद का विरोध किया।

अरस्तू (384-322 ई.) बहुत बड़ा दार्शनिक था। वह सिकंदर का गुरु था। अरस्तू के विरोध के कारण देमोक्रितु के विचार भुला दिए गए। बाद में ईसाई धर्म को अरस्तू की कुछ बातें पसंद आईं, तो उसने अरस्तू को खूब अधिक उछाला। उसकी गलत बातों को भी सही माना जाने लगा। ईसाई धर्म का कहना था – अरस्तू गलती नहीं कर सकता। अभी दो-तीन सौ साल

पहले तक यूरोप के देशों में किसी की आसानी से हिम्मत नहीं होती थी कि वह अरस्तू पर उंगली उठाए !

बीच-बीच में यदि किसी ने सही बात कहने की हिम्मत भी की, तो उसकी कौन सुनता ? एक रोमन विद्वान कवि लुक्रेतियु ने ई.पू. पहली शताब्दी में देमोक्रितु के परमाणुवाद को पुनः जीवित करने की कोशिश की थी। लेकिन ईसाई धर्म के जन्म के बाद यूरोप में लगभग अठारह सौ साल तक फिर किसी की हिम्मत नहीं हुई कि वह एटम या परमाणु की बात उठाता !

एटम और अणु-परमाणु को भुला दिया गया !

कणाद और देमोक्रितु के नाम को केवल चंद लोग ही जानते थे।

लेकिन, तुम कहोगे : आज तो एटम या परमाणु शब्द को सभी जानते हैं। गांव के अनपढ़ किसान के मुंह से भी 'एटम-बम' शब्द सुनने को मिलता है। आज प्रायः सभी लोग परमाणु शब्द से परिचित हैं। यह चमत्कार कैसे हुआ ?

हां, मूलतत्वों की खोज की कहानी बड़ी दिलचस्प है। तो आओ, संक्षेप में हम उस कहानी को जानें...

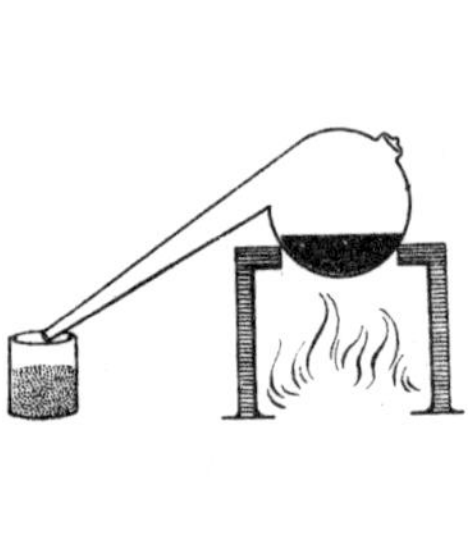

3

"जलानेवाली हवा ... जलानेवाली हवा ...।"

एक वैद्य के दवाखाने में दवाइयां तैयार करनेवाला एक तरुण हांफता हुआ कहता है ... "जलानेवाली हवा ... ज्वलनशील हवा!"

"शीले, भगवान के लिए, पहले यह तो बताओ कि बात क्या है ?" वैद्य बाउख़ ने बड़ी आतुरता से पूछा।

"ज्वलनशील हवा ! एक सच्चा जादू ! आइए मेरे साथ।"

यह किस्सा है लगभग ढाई सौ साल पहले का। स्वीडन देश में एक गरीब घर में पैदा हुआ कार्ल विलहेल्म शीले (1742-1786 ई.) उप्पसाला नगर के एक वैद्य के दवाखाने में दवाइयां बनाने का काम करता था। उसने किसी विद्यालय में पढ़ाई नहीं की थी। लेकिन तत्परता से सीखने में वह इतना तेज था कि दवाइयां तैयार करते-करते वह रसायन-विज्ञान की बहुत-सी बातें सीख गया। काम से छुट्टी मिलने पर वह दवाखाने की प्रयोगशाला के एक कोने में तरह-तरह

के प्रयोग करता रहता। एक सच्चे रसायनज्ञ की तरह उसे यह जानने की धुन सवार थी कि "वस्तुएं कैसे बनी हैं।"

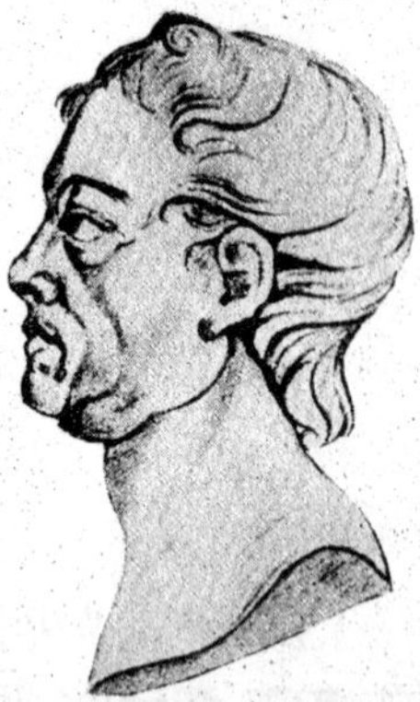

कार्ल विलहेल्म शीले
(1742-1786 ई.)

एक दिन रात को, दवाखाना बंद होने के बाद और वैद्य के अपने घर चले जाने के बाद, शीले एक नया प्रयोग करने में जुट गया। उसने पानी से भरी हुई एक बोतल में से फास्फोरस का एक टुकड़ा लिया और उसे एक खाली फ्लास्क में डालकर कॉर्क को मजबूती से बंद कर दिया। इसके बाद उसने फास्फोरस वाले उस फ्लास्क के नीचे एक मोमबत्ती जलाई। फ्लास्क को लौ लगते ही भीतर का फास्फोरस तेजी से भड़का और घने कुहरे-जैसा फैलकर फ्लास्क की भीतरी दीवाल पर सफेद बर्फ-कणों की तरह जम गया।

शीले जानता था कि जलने के बाद फास्फोरस फास्फोरिक-एसिड में बदल जाता है। उसकी दिलचस्पी यह जानने में थी कि बंद फ्लास्क में फास्फोरस के जलने के बाद भीतर की उस हवा में क्या रद्दोबदल होता है।

फ्लास्क ठंडा हुआ, तो उसने उस फ्लास्क को एक पानी-भरे बर्तन में उलटा डुबा दिया। एक अजीब चीज देखने को मिली : फ्लास्क में उसके पांचवें हिस्से के बराबर पानी भीतर चढ़ आया ! इसका अर्थ यह हुआ कि शुरू में फ्लास्क के भीतर

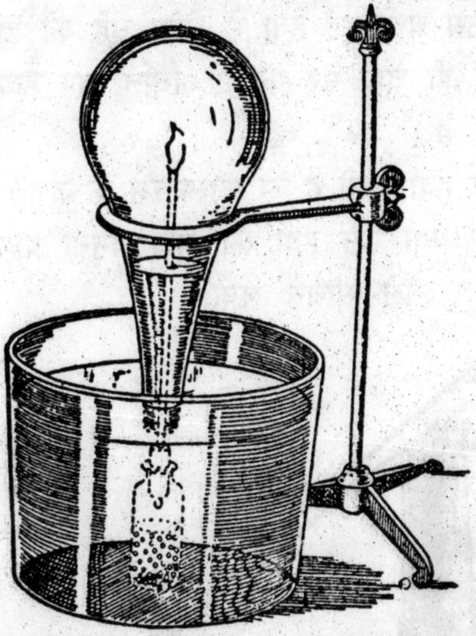

फ्लास्क को जैसे ही लौ के ऊपर उलटा किया, वैसे ही उसमें पानी ऊपर चढ़ने लगा। फ्लास्क के ऊपरी हिस्से में लौ जलती रही और नीचे के हिस्से में पानी ऊपर चढ़ता रहा।

जो हवा थी उसका पांचवां हिस्सा फास्फोरस के जलने से गायब हो गया था !

शीले ने बंद फ्लास्क में फास्फोरस की तरह और भी कई पदार्थ जलाकर देखे। हर बार उसे यही देखने को मिला कि जलने की इस क्रिया में हवा का पांचवां हिस्सा खर्च हो जाता है, गायब हो जाता है!

शीले सोचने लगा – क्या फ्लास्क के भीतर जो हवा बची हुई है वह उस हवा से भिन्न है जो जलने के समय गायब हो गई है ?

उसने उस बची हुई हवा में जिंदा चूहे को डालकर देखा। थोड़ी देर में ही चूहा मर गया! अर्थात्, वह हवा "जान लेने वाली हवा" है!

"तो वह हवा कैसी है जो फास्फोरस के जलते समय गायब हो गई है? क्या उस हवा का शुद्ध नमूना प्राप्त किया जा सकता है?" शीले सोचने लगा।

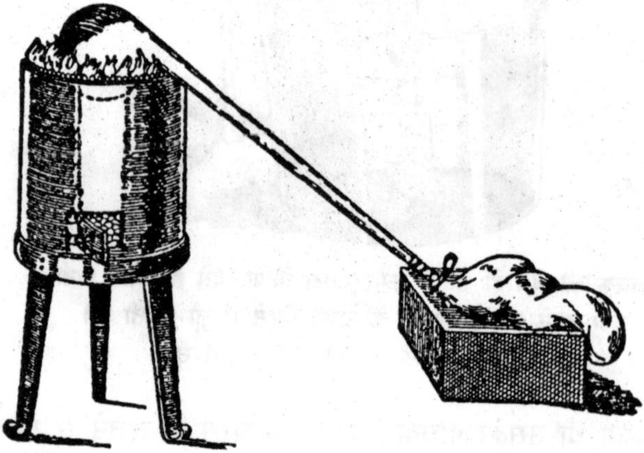

अंगीठी पर रखे शोरे से निकलनेवाली 'ज्वलनशील हवा' चमड़े की थैली में जमा हो रही है।

उसे याद आया कि शोरे (शोरा बारूद बनाने में काम आता है) को पिघलाते समय उस बर्तन के ऊपर कोयले आदि के धूलि-कण चटक उठते हैं। ये कण इतनी जल्दी क्यों भड़कते हैं? कहीं पिघलते शोरे के बुलबुलों में से वह हवा तो नहीं निकलती जो जलाने में सहायक होती है?

शीले का अनुमान सही था। उसने चमड़े की एक थैली में शोरे से निकली वह हवा जमा की। अब वह इस हवा के गुणों को जान सकता था। इसी 'ज्वलनशील हवा' की खोज करने के बाद शीले उस वैद्य के पास दौड़ता हुआ आया था, चिल्लाता हुआ—"जलानेवाली हवा ... ज्वलनशील हवा ..."

वैद्य को वह प्रयोगशाला में ले गया। उसने एक बुझा हुआ-सा कोयला लिया और उसे उस बोतल में डाला जिसमें 'ज्वलनशील हवा' थी। कोयला तेजी से भड़क उठा।

दो हजार वर्षों से संसार-भर के विद्वान मानते आए थे कि हवा एक मूलतत्व है। तरुण कार्ल शीले ने पहली बार सिद्ध कर दिखाया कि हवा मूलतत्व नहीं है। हवा दो प्रकार की है : 'ज्वलनशील हवा' और 'निर्जीव हवा' !

लेकिन शीले तो आग की खोज करने निकला था ? क्या उसे पता चला कि असल में आग क्या है ?

उन दिनों यूरोप के लगभग सारे रसायनविदों का विश्वास था कि जब कोई चीज जलती है, तो उसमें से कोई अदृश्य वस्तु आग के साथ बाहर निकलती है और हवा में मिल जाती है। उस अदृश्य चीज को उस जमाने के वैज्ञानिकों ने 'फ्लोजिस्टन' का नाम दिया था।

किंतु जब तक वैज्ञानिक फ्लोजिस्टन को काल्पनिक सिद्ध नहीं करते, तब तक आग के बारे में सही जानकारी हासिल करना संभव नहीं था। अंत में एक वैज्ञानिक ने इस फ्लोजिस्टन के भूत को भगाकर ही दम लिया। कौन था वह वैज्ञानिक ?

उस वैज्ञानिक का नाम था लेवाशिए। लेवाशिए (1743-

1794 ई.) फ्रांस का निवासी था। लेवाशिए और उसके 'दोस्त' ने अंत में 'फ्लोजिस्टन' के भूत को भगा ही दिया। उसका दोस्त कोई आदमी नहीं था। उसका 'दोस्त' था– उसका तराजू।

लेवाशिए (1743-1794 ई.)

"मैं फ्लोजिस्टन के बारे में कुछ नहीं जानता। मैंने इसे कहीं नहीं देखा", लेवाशिए का कहना था, "मेरे तराजू ने इसे कहीं नहीं खोजा। मैंने जलनेवाली एक वस्तु ली – जैसे, फास्फोरस या शुद्ध धातु का कोई टुकड़ा – और इसे एक बंद पात्र में जलाया। उस बंद पात्र में 'ज्वलनशील हवा' के अतिरिक्त और कुछ नहीं था। जलने पर वह वस्तु बदल जाती है और वह ज्वलनशील हवा गायब हो जाती है। यदि बंद पात्र के भीतर फास्फोरस रखा हो, तो वह फास्फोरिक-एसिड (अम्ल) में बदल जाता है और यदि टिन का कोई टुकड़ा हो, तो वह जंग लगे टिन में बदल जाता है। मैं इन नई वस्तुओं को तौलता हूं और देखता हूं कि इनका तौल पहले के फास्फोरस या टिन से उतनी ही मात्रा में अधिक होता है जितनी कि पात्र के भीतर वह ज्वलनशील हवा थी। इससे साफ जाहिर है कि उस ज्वलनशील हवा के साथ मिलकर ही फास्फोरस, फास्फोरिक-एसिड में और टिन, जंगवाले टिन में बदलते हैं। इस सारे रद्दोबदल

में 'फ्लोजिस्टन' को बीच में डालना बेवकूफी है।"

लेवाशिए ने यह भी बतलाया कि सभी धातुएं मूलतत्व हैं और उनके जंग या मोरचे ज्वलनशील हवा के साथ मिलकर बने हुए उनके यौगिक (कंपाउंड) हैं। ज्वलनशील हवा को 'आक्सीजन' नाम लेवाशिए ने ही दिया। इस मूल यूनानी शब्द का अर्थ होता है, 'एसिड यानी अम्ल पैदा करनेवाला'। क्योंकि आक्सीजन जब हाइड्रोजन और अधातुओं से मिलता है तो अम्लों को पैदा करता है।

हेनरी केवेंडिश (1731-1810 ई.)

अब यह सिद्ध हो गया था कि हवा मूलतत्व नहीं है, बल्कि दो तत्वों का मिश्रण है। वैज्ञानिकों को आग के रहस्य का भी पता चल गया था।

परंतु पानी ? पुराने जमाने से, हवा की तरह, पानी को भी मूलतत्व माना जाता था। अंत में कुछ साल बाद इंग्लैंड के एक महान वैज्ञानिक हेनरी केवेंडिश (1731-1810 ई.) ने यह सिद्ध किया कि हवा की तरह पानी भी मूलतत्व नहीं है, बल्कि दो तत्वों से मिलकर बना है !

कल्पना करो कि उन्हें पहली बार यह जानकर कितना आश्चर्य हुआ होगा कि पानी मूलतत्व नहीं है, बल्कि आक्सीजन और हाइड्रोजन, इन दो मूलतत्वों के मेल से बना है ! हाइड्रोजन,

जिसका अर्थ होता है 'पानी का निर्माता', लेवाशिए का ही दिया हुआ नाम है।

इस प्रकार, अंत में हवा की तरह पानी का नाम भी मूलतत्वों की सूची से कट गया !

तो मूलतत्व कितने हैं ? कौन-से हैं ?

सन् 1800 ई. के आसपास इन सवालों के उत्तर आसान नहीं थे। उस समय वैज्ञानिकों को सारे मूलतत्वों का ज्ञान होना संभव ही नहीं था, क्योंकि धरती पर पाई जानेवाली सारी वस्तुओं पर रासायनिक प्रयोग करके उनमें मूलतत्व खोजना आसान नहीं था। जब बिजली की खोज हुई, तभी बहुत-से नए तत्व खोजे जा सके।

अठारहवीं शताब्दी के अंत में दो इतालवी वैज्ञानिक गाल्वानी (1737-1798 ई.) और वोल्टा (1745-1827 ई.) ने प्रयोगशाला में पहली बार बिजली के प्रवाह की खोज की। फिर जल्दी ही विद्युत की सहायता से पानी को दो तत्वों – आक्सीजन और हाइड्रोजन – में अलग-अलग करना संभव हुआ।

उसके बाद नए-नए तत्व खोजे जाने लगे। लेवाशिए के समय तक वैज्ञानिक 24 मूलतत्व खोज चुके थे। अगले चालीस वर्षों के भीतर ही मूलतत्वों की संख्या 53 तक पहुंच गई। यह सारा चमत्कार था बिजली का ! इस थोड़े-से अरसे में सबसे अधिक तत्व खोजे थे, इंग्लैंड के प्रख्यात वैज्ञानिक हम्फ्री डेवी (1778-1829 ई.) ने। पोटेशियम, सोडियम, केल्सियम, मैगनीशियम, बेरियम आदि तत्व डेवी ने ही खोजे। डेवी की मृत्यु के पंद्रह साल बाद प्रोफेसर क्लाउस ने रुथेनियम नाम

का एक नया तत्व खोजा।

अब मूलतत्वों की संख्या 57 तक पहुंच गई थी।

लेकिन इसके बाद नए तत्व खोजना आसान नहीं था। बिजली की सहायता से ही इतने अधिक नए तत्व खोजे जा सके थे।

अब आगे ?

आगे प्रकाश की किरणों ने नए तत्व खोजने में मदद की। हां, सचमुच प्रकाश की किरणों ने !

हम्फ्री डेवी (1778-1829 ई.)

तुम शायद जानते हो कि न्यूटन ने खोज की थी कि सूर्य का प्रकाश वास्तव में सात रंगों से बना है। बस, इसी खोज के आधार पर जर्मनी के दो महान वैज्ञानिक रॉबर्ट बुन्सेन (1811-1899 ई.) और गुस्ताव किरचाफ (1824-1887 ई.) ने मिलकर एक यंत्र या उपकरण तैयार किया। यह यंत्र था – स्पेक्ट्रोस्कोप यानी वर्णक्रमदर्शी। यह यंत्र किसी भी वस्तु के जलने पर उससे निकलनेवाली किरणों को विभिन्न रंगों में स्पष्ट दिखलाता है। बुन्सेन और किरचाफ ने यह भी पता लगाया कि हर वस्तु या हर तत्व का अपना एक खास वर्णपट यानी रंगों का पट होता है। बस, इसी खोज के आधार पर इन वैज्ञानिकों ने बहुत-से नए तत्व खोज निकाले : सीजियम, रुबिडियम इत्यादि।

वर्णक्रमदर्शी यंत्र से उन्होंने यह भी पता लगाया कि जो

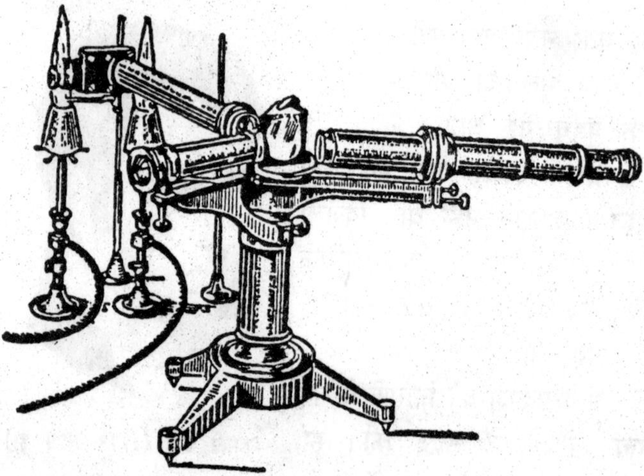

वर्णक्रमदर्शी

तत्व पृथ्वी पर पाए जाते हैं उनमें से बहुत-से तत्व सूर्य पर भी मौजूद हैं !

आज से लगभग डेढ़ सौ साल पहले तक, ठीक-ठीक कहें तो 1869 ई. तक, यूरोप के वैज्ञानिक 63 मूलतत्वों की खोज कर चुके थे। इनमें सारे तत्वों के अपने अलग-अलग गुणधर्म थे। किसी का रंग नीला था, तो किसी का पीला। कोई गैस था, तो कोई धातु। कोई बहुत हल्का था, तो कोई बहुत भारी ! अलग-अलग तत्व के अलग-अलग गुण। अजीब झमेला था।

उस समय वैज्ञानिकों ने सारे तत्वों को मुख्यतः दो भागों में बांट रखा था – धातुएं और अधातुएं (वे जो धातुएं नहीं हैं)।

मगर यह काम-चलाऊ विभाजन था। कोई नहीं बता सकता

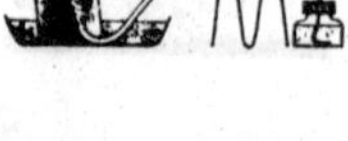

बीच में लोहे का वर्णक्रमपट और ऊपर-नीचे सौर वर्णक्रमपट

था कि अमुक तत्व ऐसा क्यों है और दूसरे तत्वों के साथ उसका क्या संबंध है।

इसलिए सारे तत्वों को एक कतार में खड़ा करना जरूरी था।

तो क्या सारे तत्वों को एक विशेष क्रम में रखा गया ? क्या यह पता चला कि तत्वों की कोई क्रमबद्ध कतार भी है ?

हां, पता चला। यह खोज बहुत कठिन थी। इस खोज के लिए सारे तत्वों के गुणधर्मों को जानना तो जरूरी था ही, और भी बहुत-सी बातें जाननी जरूरी थीं।

किसने की यह खोज ?

उस वैज्ञानिक का नाम है – मेंडेलीफ। रूस के एक महान वैज्ञानिक ...

दिमित्री मेंडेलीफ (1834-1907 ई.)

4

उराल पर्वत के पूर्व में रूस के साइबेरिया प्रदेश में तोबोल्स्क नाम का एक नगर है। यह नगर तोबोल नदी पर बसा हुआ है। इसीलिए इसका नाम पड़ा : तोबोल्स्क।

सन् 1834 की 7 फरवरी को इस शहर के स्कूल के मुख्य-अध्यापक के घर एक बालक का जन्म हुआ। बालक का नाम रखा गया : दिमित्री। जिस साल दिमित्री का जन्म हुआ उसी साल उसके परिवार पर विपत्ति का पहाड़ टूट पड़ा। दिमित्री के पिता इवान मेंडेलीफ की आंखों की रोशनी चली गई, वह अंधे हो गए! उन्हें स्कूल से इस्तीफा देना पड़ा।

मेंडेलीफ परिवार मूलतः तोबोल्स्क का रहनेवाला नहीं था। दिमित्री के जन्म के कोई दो सौ साल पहले यह प्रदेश वीरान जंगल था। लगभग सौ साल पहले रूस के शासक पीटर महान (1672-1725 ई.) ने साइबेरिया के इस प्रदेश को आबाद करने की नीति अपनाई, तो रूस के पश्चिमी भाग से बहुत-से परिवार यहां आकर बसे थे।

दिमित्री के दादा ने इस प्रदेश का पहला छापाखाना खोला था और 1787 ई. में उन्होंने तोबोल्स्क से पहली बार 'इर्तिश' नाम का एक समाचार-पत्र प्रकाशित करना शुरू किया था।

दिमित्री अपने माता-पिता का सत्रहवां बच्चा था। पिता के अंधे हो जाने पर और उनकी नौकरी छूट जाने पर इस बड़े परिवार का भार आ पड़ा दिमित्री की मां मारिया कोर्निलोफ पर। पिता को जो पेंशन मिलती थी वह सारे परिवार की परवरिश के लिए पर्याप्त नहीं थी।

मां के पिता का परिवार कुछ अधिक सुखी था। मारिया के परिवार ने साइबेरिया में कांच की वस्तुएं बनानेवाली एक फैक्टरी खोली थी। लेकिन उस समय इस फैक्टरी की हालत बड़ी खस्ता थी, यह घाटे का सौदा था। मारिया को यह फैक्टरी उसके भाई से विवाह के समय उपहार के रूप में मिली थी।

अब इसी फैक्टरी को दिमित्री की मां ने सुधारने के बारे में सोचा। यह फैक्टरी तोबोल्स्क से कोई तीस किलोमीटर दूर आरेमझान्स्कॉय नाम के एक देहात में थी। उसने फैक्टरी का काम अपने हाथ में ले लिया। मारिया की दौड़-धूप और निगरानी से फैक्टरी की हालत पुनः सुधर गई। परिवार का खर्च चलने लगा। फैक्टरी में कांच की कई प्रकार की वस्तुएं बनती थीं, खासकर दवाखानों के काम आनेवाले कांच के बर्तन, बोतलें आदि।

नन्हा दिमित्री देखता कि कांच की वस्तुएं किस प्रकार बनती हैं। भट्ठियां लगातार जल रही हैं, कड़ाहियों में कांच पिघल रहा है, कांच की वस्तुएं बनानेवाले कारीगर फुंकनियों की मदद से

तरह-तरह की चीजें बना रहे हैं ...। दिमित्री यह सब देखता रहता। स्कूल जाने के पहले ही उसने कांच के उद्योग के बारे में बहुत-सी बातें जान लीं।

दिमित्री अब छह साल का हो गया था। मां को उसे स्कूल में भेजने की चिंता हुई। लेकिन फैक्टरीवाले देहात में कोई स्कूल नहीं था। इसलिए मां अपने बच्चों सहित फिर तोबोल्स्क लौट आई। सन् 1841 में सात साल का दिमित्री तोबोल्स्क के 'जिमनाजियम' में भर्ती हो गया।

जानते हो 'जिमनाजियम' किसे कहते हैं ? इस शब्द का सही अर्थ जान लो तो अच्छा ही होगा। जब-जब भी तुम यूरोप के पुराने प्रख्यात महापुरुषों की जीवनियां पढ़ोगे, तो यह शब्द अक्सर तुम्हारे सामने आएगा। असल में यह शब्द यूनानी भाषा का है और दो हजार वर्षों से भी अधिक पुराना है। उस पुराने जमाने में यूनानी तरुण जिस मकान या हॉल में शारीरिक कसरत आदि करते थे, उसे यूनानी भाषा में 'जिमनाजियम' कहते थे। यानी जिमनाजियम का पुराना अर्थ था, अखाड़ा या व्यायामशाला ! लेकिन बाद में मध्ययुग में यूरोप के देशों में इस शब्द का अर्थ हो गया : वह स्थान जहां दिमागी कसरत होती है, यानी विद्यालय।

जिमनाजियम में खास ढंग की पढ़ाई होती थी। लैटिन और ग्रीक जैसी पुरानी भाषाओं की पढ़ाई पर अधिक जोर दिया जाता था। गणित, भौतिकी, भूगोल जैसे विषय कम महत्व के समझे जाते थे !

लैटिन जैसी मरी हुई भाषा पढ़ने में दिमित्री का मन नहीं

लगता था। गणित और भौतिकी जैसे वैज्ञानिक विषयों में उसकी अधिक रुचि थी। कुछ नटखट विद्यार्थी लैटिन-व्याकरण की पाठ्य-पुस्तक को पेड़ की किसी टहनी से लटकाकर उसे अपनी-अपनी गुलेल का निशाना बनाते, तो दिमित्री को बड़ी प्रसन्नता होती !

लेकिन दिमित्री अपना अभ्यास मन लगाकर करता था। अपने एक अध्यापक के साथ वह दूर-दूर तक घूमने जाता और तरह-तरह के रंग-बिरंगे कंकड़-पत्थर, फूल और कीट-पतंगे जमा करता था। स्कूल की परीक्षाओं में वह ऊंचे नंबरों से उत्तीर्ण होता था।

इसी बीच एक दुःखद घटना घटी।

कौन-सी घटना ? ...

5

दिमित्री अभी स्कूल में ही पढ़ रहा था कि 1847 ई. में उसके पिता की मृत्यु हो गई।

पिता के देहांत के कुछ दिन बाद दिमित्री की बड़ी बहन भी चल बसी।

अब तो मारिया के बड़े बच्चे तोबोल्स्क छोड़कर अन्यत्र चले गए। मारिया और उसके दो बच्चे – दिमित्री और लिजा – ही तोबोल्स्क में रह गए।

दो साल बाद 1849 ई. में दिमित्री ने स्कूल की पढ़ाई पूरी की।

अब आगे ?

दिमित्री की मां को बेटे की आगे की पढ़ाई की बड़ी चिंता थी, लेकिन तोबोल्स्क में आगे की पढ़ाई का इंतजाम नहीं था।

तब क्या किया जाए ?

उस जमाने में मास्को शहर अपनी पढ़ाई की व्यवस्था के लिए मशहूर था।

"मास्को जाना कैसा रहेगा ?" – दिमित्री की मां सोचने लगी।

पति की मृत्यु के बाद और बड़े बच्चों के तोबोल्स्क से चले जाने के बाद अब मारिया का मन तोबोल्स्क में नहीं लगता था। उसने अपने हितैषियों से सलाह की। दिमित्री की आगे की पढ़ाई का विचार करके अंत में मां ने अपने दोनों बच्चों के साथ मास्को चले जाने का निश्चय कर लिया।

तोबोल्स्क से मास्को कितनी दूर है ? तुम सोचते होगे – यही कोई तीन-चार सौ किलोमीटर दूर। नहीं। तुम यदि रूस का कोई नक्शा देखो तो तुम्हें पता चलेगा कि तोबोल्स्क से मास्को बहुत दूर है, कई हजार किलोमीटर दूर ...।

दिमित्री की मां अपने दो बच्चों के साथ मास्को की लंबी यात्रा के लिए रवाना हुई।

उस जमाने में तोबोल्स्क और मास्को के बीच रेल से संबंध नहीं था। सड़कें भी अच्छी नहीं थीं। उस जमाने में दूर-दूर की यात्राएं घोड़ा-गाड़ी से ही होती थीं। हजारों किलोमीटर की दूरी तय करने में महीनों लग जाते थे।

दिमित्री की उम्र उस समय 15 साल की थी। इस यात्रा की हर चीज उसके लिए नई थी। इस लंबी यात्रा में उसने घने जंगल देखे, हरे-भरे घास के मैदान देखे, कई छोटी-बड़ी नदियों को पार किया ...

अंत में बड़े उत्साह से वे लोग मास्को पहुंच गए। सारी यात्रा में दिमित्री सोचता आया था कि मास्को पहुंचने पर वह वहां के विश्वविद्यालय का छात्र बनेगा।

लेकिन मास्को पहुंचने पर मां-बेटे के मंसूबों पर पानी फिर गया ! उस समय मास्को विश्वविद्यालय में भरती होने के लिए

एक नियम यह था कि भरती होनेवाला छात्र मास्को के आसपास के ही किसी जिमनाजियम का विद्यार्थी होना चाहिए !

दिमित्री और उसकी मां को कितनी निराशा हुई होगी, इसकी तुम भी कल्पना कर सकते हो। बड़ी उम्मीद लेकर मास्को आए थे । लेकिन यहां मिला कोरा जवाब !

अब क्या किया जाए ? मां अपने बच्चों को लेकर सेंट-पीटरबर्ग पहुंची। वहां अध्यापकों के प्रशिक्षण के लिए एक कालेज था। प्रयत्न करने पर उस कालेज के विज्ञान-विभाग में दिमित्री मेंडेलीफ को प्रवेश मिल गया। यह 1850 ई. की बात है। उस समय दिमित्री की आयु सोलह साल की थी। मां अपने दो बच्चों के साथ अब सेंट-पीटरबर्ग में स्थायी रूप से रहने लगी। दिमित्री की पढ़ाई के विचार से ही वह यहां इतनी दूर आई थी। बेटा कालेज जाने लगा तो मां को अपार सुख मिला। दिमित्री भी खुश था।

लेकिन यह खुशी थोड़े दिन ही टिक पाई। उसी साल सितंबर महीने में जाड़ा खा जाने से मां बीमार पड़ गई। बीमारी इतनी खतरनाक साबित हुई कि वह चल बसी।

और ... डेढ़ साल बाद दिमित्री की बहन लिजा भी इस संसार से चली गई।

दिमित्री अकेला रह गया !

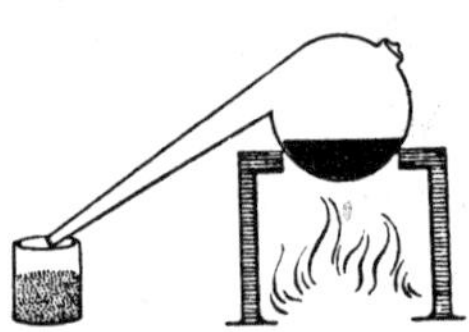

6

दिमित्री अपनी मां से बहुत प्यार करता था ! मां ने उसकी पढ़ाई के लिए कितने सारे कष्ट सहे थे। दिमित्री को मां की बहुत याद आती थी।

जीवन के अंतिम दिनों तक दिमित्री के दिमाग में मां की स्मृति ताजी रही। उसे अपनी मां से मिले सबक बार-बार याद आते। आगे जाकर 1887 ई. में मेंडेलीफ ने एक पुस्तक लिखी, तो वह अपनी दिवंगत मां को समर्पित की। 'समर्पण' में मेंडेलीफ ने लिखा : "यह पुस्तक मां की स्मृति को उसके सबसे छोटे बेटे की ओर से समर्पित है। उसने स्वतः कष्ट सहकर उसका पालन-पोषण किया ... उसने प्यार से उसकी गलतियां सुधारीं, उसमें विज्ञान के अध्ययन के लिए रुचि पैदा की। ... अपने बेटे को उसने अंतिम सबक दिया था – भूलभुलैयों में मत फंसो। केवल शब्दों से नहीं, बल्कि काम से वैज्ञानिक सत्य की खोज में जुटे रहो, क्योंकि अभी बहुत-सी ऐसी चीजें हैं जिन्हें खोजना बाकी है ...।' मां की इस शिक्षा को दिमित्री मेंडेलीफ पवित्र संपत्ति समझता है।"

अलेक्जेंडर वोस्क्रेसेन्स्की

हां, तो सेंट-पीटरबर्ग के कालेज का विद्यार्थी दिमित्री अब अकेला था। पर उसने हिम्मत नहीं हारी। अपना सारा ध्यान पढ़ाई में लगा दिया। कालेज में विज्ञान के विषयों की पढ़ाई खूब अच्छी थी। प्राध्यापक योग्य थे, मन लगाकर पढ़ाते थे और अपने विद्यार्थियों को उत्साहित करते थे। इस कालेज के रसायन-विज्ञान के एक प्राध्यापक अलेक्जेंडर वोस्क्रेसेन्स्की का मेंडेलीफ पर सबसे अधिक प्रभाव पड़ा। वोस्क्रेसेन्स्की के विद्यार्थी बड़े सम्मान से उन्हें 'रूसी रसायन-विज्ञान का पितामह' कहते थे। मेंडेलीफ ने बाद में चलकर प्राध्यापक वोस्क्रेसेन्स्की की जीवनी लिखी। उसमें मेंडेलीफ ने लिखा :

दूसरे प्राध्यापक वैज्ञानिक कार्य में आनेवाली बाधाओं की चर्चा करते थे, परंतु जब हम वोस्क्रेसेन्स्की के साथ उनकी प्रयोगशाला में होते तो वे अक्सर कहा करते थे, "भांडे-बर्तन और ईंटों को कोई ईश्वर अपने हाथों से नहीं बनाता।"

मेंडेलीफ का यह सचमुच ही सौभाग्य था कि उन्हें वोस्क्रेसेन्स्की जैसे योग्य प्राध्यापक मिले थे। वोस्क्रेसेन्स्की के कारण ही मेंडेलीफ रसायन-विज्ञान की ओर अधिक आकर्षित हुए।

7

वह 1850-55 ई. का जमाना था। अब वैज्ञानिक चार या पांच तत्वोंवाले पुराने सिद्धांत में यकीन नहीं करते थे। मैं तुम्हें बता ही चुका हूं कि किस प्रकार कार्ल शीले और लेवाशिए ने चार या पांच मूलतत्वों वाली पुरानी मान्यता को गलत साबित किया था। विद्युत के प्रवाह की खोज हुई। इंग्लैंड के वैज्ञानिक हम्फ्री डेवी ने बहुत-से नए तत्व खोज निकाले। 1850 ई. तक पचास से अधिक मूलतत्व खोजे जा चुके थे। ये तत्व किसने और किस प्रकार खोजे, इसके बारे में तुम पहले पढ़ चुके हो।

रसायन-विज्ञान अब तेजी से उन्नति कर रहा था। रसायनविद् अब वस्तुओं की बाहरी रचना की ही नहीं, उनकी भीतरी रचना की भी खोज करने लगे। वैज्ञानिक अब वस्तुओं की आणविक रचना के बारे में खोजबीन कर रहे थे, अणु और परमाणुओं के बारे में नए-नए सिद्धांत स्थापित कर रहे थे।

अणु और परमाणु ...

एटम या परमाणु शब्द को पुनः सुनकर तुम शायद

कुछ सोच में पड़ गए हो। तुम्हें स्मरण होगा कि भारत के कणाद मुनि और यूनान के देमोक्रितु ने परमाणु का सिद्धांत स्थापित किया था। तुम्हें यह भी याद होगा कि उस पुराने सिद्धांत को बाद के लोगों ने भुला दिया था।

जॉन डाल्टन (1766-1844 ई.)

तो फिर किसने अणु-परमाणु की बात फिर से उठाई ?

जिस साल मेंडेलीफ का जन्म (1834 ई.) हुआ था, उसी साल के मई महीने में इंग्लैंड में एक प्रख्यात वैज्ञानिक को धर-पकड़कर राजा से भेंट कराने के लिए सजाया जा रहा था !

एक गरीब जुलाहे के घर जन्म लेनेवाले इस वैज्ञानिक का नाम था – जॉन डाल्टन (1766-1844 ई.)। सारे जीवन एक साधारण अध्यापक बने रहने पर भी डाल्टन ने एक महत्वपूर्ण वैज्ञानिक खोज की थी। सारा यूरोप उनके नाम को जान गया था और देश-विदेश की वैज्ञानिक संस्थाओं ने उन्हें सम्मानित किया था। अपने देश के ऐसे मशहूर विद्वान को देखने के लिए राजा भी अब थोड़ा उत्सुक हुआ!

लेकिन डाल्टन ईसाइयों के क्वेकर संप्रदाय के अनुयायी थे। और, क्वेकर लोग उस रंग का लिबास नहीं पहन सकते थे जैसा कि राजा के सामने हाजिर रहने के लिए जरूरी था! वे तलवार और बंदूक-जैसे हथियार भी अपने पास नहीं रखते थे।

लेकिन राजा के सामने एक खास लिबास में तलवार बांधकर हाजिर होना जरूरी था। दरबार का यही नियम था।

तब क्या किया जाए ?

अंत में एक रास्ता निकाला गया। कुछ दिन पहले डाल्टन को ऑक्सफोर्ड विश्वविद्यालय ने 'डाक्टरेट' की उपाधि देकर सम्मानित किया था। उस समारोह में डाल्टन ने जो लिबास पहना था, उसी को पहनकर राजा के सामने उपस्थित होना तय हुआ।

लेकिन डाल्टन ने ऐसी कौन-सी बड़ी खोज की थी कि राजा उनसे मिलने को उत्सुक था ? तो सुनो ...

वायुमंडल के अध्ययन में डाल्टन की विशेष रुचि थी। डाल्टन ने जगह-जगह जाकर और पहाड़ों पर चढ़कर हवा के कई नमूने जमा किए थे।

किंतु यह क्या ? सभी जगहों की हवा एक-जैसी ! कहीं की भी हवा ले लो, इसमें सभी गैसों का अनुपात एक-जैसा !

डाल्टन सोचने लगे – ऐसा क्यों ?

अंत में वह इस नतीजे पर पहुंचे कि हवा की गैसें असल में बहुत ही छोटे-छोटे कणों से बनी हैं, छोटे-छोटे एटम यानी परमाणुओं से बनी हैं। गैसों के परमाणु इतने छोटे हैं कि इनके बीच में दूसरी गैस के परमाणु के आने-जाने के लिए पर्याप्त जगह रहती है। इसीलिए हवा में सारी गैसों के परमाणु पूरी स्वतंत्रता से विचरण कर सकते हैं।

कणाद और देमोक्रितु के परमाणु को डाल्टन ने फिर से जीवित किया। कणाद और देमोक्रितु की तरह डाल्टन ने भी

अभी परमाणु को अपनी आंखों से देखा नहीं था; उन्होंने केवल अपने दिमाग से ही सूक्ष्म परमाणु के बारे में सोचा था। लेकिन डाल्टन ने परमाणु के बारे में कुछ ऐसी नई बातें कहीं जिनकी कणाद या देमोक्रितु कल्पना भी नहीं कर सकते थे।

डाल्टन ने अपने से ही सवाल पूछा : "क्या सभी तत्वों के परमाणु आकार और तौल में एक-समान हैं ?"

"एक ही तत्व के सारे परमाणु एक-जैसे हैं, परंतु भिन्न-भिन्न तत्वों के परमाणु आकार और तौल में भिन्न-भिन्न हैं।" डाल्टन ने स्वयं ही उत्तर खोजा।

यह एक क्रांतिकारी कल्पना थी। इसी कल्पना से डाल्टन अंत में इस नतीजे पर पहुंचे कि यदि एक ही तत्व के सारे परमाणुओं का तौल एक़-समान है, तो दो तत्व एक निश्चित अनुपात में एक-दूसरे से मिलने चाहिए। डाल्टन ने सबसे हलके तत्व हाइड्रोजन के परमाणु को इकाई के भार का माना और फिर उन्होंने यह जानने की कोशिश की कि हाइड्रोजन के साथ दूसरे तत्व किस अनुपात में मिलते हैं। डाल्टन जानते थे कि पानी में एक हिस्सा हाइड्रोजन का है, तो सात हिस्से आक्सीजन के। इसलिए उन्होंने आक्सीजन के परमाणु का भार 7 माना।

असल में डाल्टन ने यहां गलती की थी। उस समय डाल्टन को यह पता नहीं था कि हाइड्रोजन के दो परमाणु और आक्सीजन का एक परमाणु मिलकर पानी का एक अणु (मॉलेक्यूल) बनता है। आज हम जानते हैं कि आक्सीजन का परमाणु-भार 16 है; अर्थात्, आक्सीजन का परमाणु हाइड्रोजन के परमाणु से 16 गुना भारी है।

दिमित्री मेंडेलीफ (1834 ई. से 1907 ई.)

डाल्टन के बाद दूसरे वैज्ञानिक तत्वों के परमाणु-भार की खोज में जुटे। कुछ वैज्ञानिक तत्वों के इस परमाणु-भार के बारे में अधिक गहराई से सोच रहे थे। इन्हीं में एक थे दिमित्री मेंडेलीफ ...

8

प्रोफेसर वोस्क्रेसेन्स्की के प्रभाव के कारण मेंडेलीफ ने रसायन-विज्ञान को अपना प्रमुख विषय बना लिया था और उसमें खोजकार्य करने का निश्चय कर लिया था। अभी वह बीस साल के विद्यार्थी ही थे कि उन्होंने 'समाकृतिका' पर एक खोजपूर्ण निबंध लिखा।

कुछ रासायनिक तत्वों के मणिभ (क्रिस्टल) समान आकार-प्रकार के होते हैं। ऐसे समाकृतिवाले रासायनिक तत्वों का जब मेल होता है, तो मणिभ के आकार को बिना बदले वे एक-दूसरे का स्थान ले लेते हैं। इस क्रिया को रसायन में 'समाकृतिका' कहते हैं। मेंडेलीफ की यह खोज बड़े महत्व की थी। इसका महत्व इसी से ज़ाहिर है कि रूस के खनिज-संस्थान ने इस निबंध को प्रकाशित करने का निश्चय कर लिया। मेंडेलीफ ने खूब मेहनत की थी, इतनी अधिक मेहनत की कि उनका स्वास्थ्य गिर गया।

सन् 1853 में उन्हें कंठ-रक्तस्राव की खतरनाक बीमारी हो गई। कुछ डाक्टरों ने तो यहां तक कहा कि मेंडेलीफ के लिए अब कुछ ही दिन बाकी रह गए हैं।

मेंडेलीफ को अस्पताल में रखा गया।

मेंडेलीफ में जीने की प्रबल लालसा थी। मानव-जाति की सेवा करने के लिए वह जीवित रहना चाहते थे। अंत में उन्होंने अपने रोग पर विजय प्राप्त कर ली।

अस्पताल में थे तब भी ऐसा कोई दिन नहीं गुजरा जब कि उन्होंने अध्ययन न किया हो।

स्वास्थ्य सुधार के लिए उन्हें कियेव विश्वविद्यालय भेजने के बारे में सोचा गया। किंतु मेंडेलीफ सेंट-पीटरबर्ग से नहीं हटना चाहते थे। अपने प्रिय अध्यापक वोस्क्रेसेन्स्की से वह दूर नहीं जाना चाहते थे।

मेंडेलीफ : 1955 ई. में

अंत में पांच साल की पढ़ाई के उपरांत 1855 ई. में मेंडेलीफ परीक्षा में प्रथम स्थान पाकर उत्तीर्ण हुए और उपाधि प्राप्त की। उन्हें स्वर्ण-पदक भी मिला। परीक्षा के साथ-साथ एक शोध-निबंध लिखना पड़ता था। उन्होंने अपने शोध-निबंध के लिए वही 'समाकृतिका' वाला विषय चुना। 1865 ई. में 'खनिज-पत्रिका' में उनका यह शोध-निबंध प्रकाशित हुआ।

इसके बाद मेंडेलीफ स्नातकोत्तर उपाधि के लिए तैयारी करना चाहते थे। परंतु अब उनका स्वास्थ्य इतना अधिक गिर गया था कि वह सेंट-पीटरबर्ग की जलवायु और वहां के

वातावरण में सुधर ही नहीं सकता था। डाक्टरों ने सख़्त हिदायत दी कि मेंडेलीफ को दक्षिण की ओर चले जाना चाहिए। दक्षिण की ओर का अर्थ है, काले-सागर के पास। वहां की हवा स्वास्थ्य लाभ के लिए बढ़िया मानी जाती है।

उसी समय दक्षिण के दो रूसी नगर ओदेस्सा और सिम्फेरोपोल के स्कूलों में अध्यापकों की दो जगहें खाली हो गईं। चूंकि मेंडेलीफ स्वर्ण-पदक विजेता थे, इसलिए वह इन दो जगहों में से किसी भी एक को अपनी इच्छानुसार चुनने के लिए स्वतंत्र थे। मेंडेलीफ ने ओदेस्सा को पसंद किया। किंतु उस जमाने के रूसी शिक्षा-मंत्रालय ने कागज-पत्रों में कुछ ऐसी गड़बड़ की कि ओदेस्सा के स्कूल में किसी दूसरे की नियुक्ति हो गई।

चलो, सिम्फेरोपोल ही सही। इक्कीस साल के मेंडेलीफ अगस्त 1855 में सिम्फेरोपोल के लिए रवाना हुए। तुम यदि सोवियत रूस का नक्शा देखो तो जान जाओगे कि ओदेस्सा नगर काले-सागर के उत्तरी तट पर बसा है और सिम्फेरोपोल पूर्व की ओर क्रीमिया प्रदेश में।

लेकिन ज़ब मेंडेलीफ सिम्फेरोपोल पहुंचे तो उन्होंने वहां के स्कूल को बंद पाया। शहर में मार्शल-लॉ लगा हुआ था और चारों ओर सिपाही ही सिपाही दिखाई देते थे!

क्यों ?

क्योंकि, उस समय रूस और तुर्की के बीच युद्ध छिड़ गया था। इंग्लैंड और फ्रांस, तुर्की की ओर से लड़ रहे थे। जानते हो, इंग्लैंड क्यों इस युद्ध में कूदा था ? इसका मुख्य कारण

था, हमारा देश ! तब तक इंग्लैंड ने भारत के बहुत-से हिस्से पर अधिकार जमा लिया था। भारत की धन-संपत्ति इंग्लैंड पहुंच रही थी। अंग्रेज किसी भी हालत में भारत को अपने हाथ से नहीं गंवाना चाहते थे। अंग्रेजों को डर था कि यदि तुर्की के सुलतान की हार हुई, तो भूमध्यसागर के यातायात पर रूस का कब्जा हो जाएगा और तब अंग्रेजों को भारत के साथ संबंध बनाए रखने में कठिनाई होगी। बस, इसी कारण इंग्लैंड ने तुर्की का साथ दिया। यह युद्ध काले-सागर के पास के क्रीमिया प्रदेश में हुआ, इसलिए इसे "क्रीमिया का युद्ध" कहते हैं।

हां, तो मेंडेलीफ उसी समय सिम्फेरोपोल पहुंचे जब कि इस नगर से कुछ ही किलोमीटर की दूरी पर सेवास्तोपोल शहर में घमासान युद्ध चल रहा था। ऐसी परिस्थिति में मेंडेलीफ ओदेस्सा लौट आए। कुछ दिनों बाद उन्हें वहीं के स्कूल में पढ़ाने का काम मिल गया। धीरे-धीरे उनका स्वास्थ्य भी सुधरने लगा। ओदेस्सा दक्षिण रूस का एक प्रसिद्ध सांस्कृतिक नगर था। वहां विश्वविद्यालय भी था। मेंडेलीफ ने पढ़ाई के काम के साथ-साथ अपना शोधकार्य भी जारी रखा।

9

मेंडेलीफ ने ओदेस्सा विश्वविद्यालय की प्रयोगशाला और पुस्तकालय से पूरा-पूरा लाभ उठाया। उन्होंने अपनी स्नातकोत्तर उपाधि के लिए यहीं पर 'विशिष्ट आयतनों' पर एक प्रबंध तैयार किया। इसी समय उन्होंने गैसों के बारे में भी विशेष अध्ययन किया।

अब मेंडेलीफ ओदेस्सा में और अधिक नहीं रहना चाहते थे। उनके स्वास्थ्य में काफी सुधार हो गया था। सन् 1856 के मई महीने में वह सेंट-पीटरबर्ग लौट आए और विज्ञान की स्नातकोत्तर उपाधि के लिए उन्होंने विशिष्ट आयतनों पर लिखा अपना प्रबंध प्रस्तुत किया।

मेंडेलीफ के प्रबंध की खूब प्रशंसा हुई। उन्हें उपाधि मिल गई। इतना ही नहीं, अगले साल की जनवरी में सेंट-पीटरबर्ग विश्वविद्यालय में रीडर के रूप में उनकी नियुक्ति भी हो गई। मेंडेलीफ विश्वविद्यालय के प्राध्यापक बने !

जानते हो, उस समय मेंडेलीफ की आयु कितनी थी?

केवल 23 साल !

मेंडेलीफ पढ़ाते भी थे और प्रयोगशाला में खोजकार्य भी करते थे। आज यदि तुम किसी विश्वविद्यालय की प्रयोगशाला को देखने जाओ तो वहां का ठाट-बाट और यंत्र-उपकरण देखकर दंग रह जाओगे। आज रूस में वैज्ञानिकों का खूब सम्मान होता है। उनके खोजकार्य के लिए बड़ी-बड़ी प्रयोगशालाएं हैं।

किंतु आज से डेढ़ सौ साल पहले, जब वहां जार का शासन था, तब वैज्ञानिकों की हालत बड़ी खस्ता थी। उन्हें प्रयोगशालाओं के लिए पर्याप्त धन नहीं मिलता था। मेंडेलीफ दो छोटे-से कमरों की प्रयोगशाला में काम करते थे। फर्श पत्थरों का था और अल्मारियां खाली थीं। साफ हवा के भीतर आने के लिए कमरे में झरोखे भी नहीं थे। ताजी हवा में सांस लेने के लिए बीच-बीच में बाहर निकलना पड़ता था। सारे पीटरबर्ग की दुकानों में कहीं भी परीक्षण-नलिकाएं नहीं मिलती थीं। वैज्ञानिकों को अपने उपकरण स्वयं तैयार करने पड़ते थे। सालाना आर्थिक सहायता मिलती थी – केवल तीस रूबल !

उन दिनों के रूसी रसायनविद् व्यंग्य-भावना से अक्सर कहा करते थे : “प्रयोगशाला जितनी ही बदतर होगी, गवेषणा उतनी ही बेहतर होगी!”

ऐसी परिस्थितियों में भी मेंडेलीफ ने हिम्मत नहीं हारी। उन्होंने परिस्थितियां सुधारने का भरसक प्रयत्न किया और अपना खोजकार्य जारी रखा। इसके अलावा जनसाधारण में विज्ञान का प्रचार करने के लिए उन्होंने सरल भाषा में कई लेख भी लिखे। वैज्ञानिक अनुसंधान को केवल चंद वैज्ञानिकों तक ही

सीमित रखना उन्हें पसंद नहीं था। विज्ञान और जीवन के अभिन्न संबंध में उनकी गहरी आस्था थी।

अब मेंडेलीफ की कीर्ति फैलने लगी थी। वोस्क्रेसेन्स्की और झिनिन जैसे चोटी के रूसी वैज्ञानिकों के उत्तराधिकारी के रूप में उनका नाम लिया जाने लगा था। विश्वविद्यालय में उन्हें प्रोफेसर का ऊंचा पद मिले, इसके पहले यह जरूरी था कि वह कोई बड़ी खोज करके दिखाएं।

लेकिन रूस में उस समय कोई बढ़िया प्रयोगशाला नहीं थी। इसलिए मेंडेलीफ ने विदेश जाकर खोजकार्य करने का निश्चय किया। उन दिनों वैज्ञानिक उन्नति में जर्मनी का खूब नाम था। अंत में मेंडेलीफ को विदेश जाने के लिए सरकारी तौर पर अनुमति मिल गई – दो साल के लिए !

उस समय यूरोप के वैज्ञानिक-जगत में जर्मनी के हाइडेलबर्ग विश्वविद्यालय का खूब नाम था। वहां बुन्सेन और किरचाफ जैसे प्रख्यात वैज्ञानिक थे। आरंभ में मेंडेलीफ का विचार था कि वह बुन्सेन के साथ काम करेंगे। पर तुम जानते ही हो कि मेंडेलीफ विद्यार्थी नहीं थे, रसायन-विज्ञान संबंधी उन्हें उन सभी बातों की जानकारी थी जो उस समय तक खोजी गई थीं। उन्हें तो कुछ नया खोजना था। हाइडेलबर्ग में प्रयोगशाला की यंत्र-सामग्री सुविधा से मिल जाती थी। इसलिए उन्हें मिली आर्थिक सहायता में से काट-कसर करके उन्होंने पैसा बचाया और हाइडेलबर्ग में अपनी स्वतंत्र प्रयोगशाला कायम की !

मेंडेलीफ दो साल जर्मनी में रहे। इस बीच उन्होंने गैसों के गुणधर्मों के बारे में अनेक नई बातें खोजीं और तीन

शोध-निबंध लिखे। उनकी इन खोजों का बड़ा महत्व है। आगे चलकर हम मेंडेलीफ की उस महान खोज के बारे में तुम्हें विस्तार के साथ बताएंगे जिसने उनके नाम को विज्ञान के इतिहास में अमर बना दिया है। मेंडेलीफ की उस समय की इन खोजों को आगे की उस महान खोज के लिए आधार ही समझो।

उस महान खोज के बारे में जानने के बाद रसायन-विज्ञान में पहले किए गए शोध आसानी से समझ में आ जाते हैं।

मेंडेलीफ के अलावा उस समय कई और रूसी वैज्ञानिक भी जर्मनी में खोजकार्य कर रहे थे। हाइडेलबर्ग में रूसी वैज्ञानिकों की एक मंडली ही बन गई। इनमें बेकेतोव, साविच, बोरोदिन, बोत्किन और विश्नेग्रादूस्की के नाम विशेष उल्लेखनीय हैं। उम्र छोटी होने पर भी मेंडेलीफ को इन सबसे अधिक सम्मान प्राप्त था। कारण यह कि मेंडेलीफ की गणना रूस के चोटी के वैज्ञानिकों में होने लगी थी।

मेंडेलीफ अभी जर्मनी में ही थे कि 1860 ई. में वहां के कार्लश्रुहे नगर में रसायनज्ञों का पहला अंतर्राष्ट्रीय सम्मेलन हुआ। छब्बीस साल की उम्र के मेंडेलीफ ने उस सम्मेलन में भाग लिया।

अपने दो साल के विदेश-प्रवास में मेंडेलीफ ने स्विट्ज़रलैंड और इटली की भी यात्रा की।

अंत में फरवरी 1861 में मेंडेलीफ स्वदेश लौट आए।

मेंडेलीफ विदेश से नई जानकारी लेकर और नए उत्साह के साथ स्वदेश लौटे थे। दो साल के बाद उन्होंने पुनः सेंट-पीटरबर्ग विश्वविद्यालय में अध्यापन-कार्य शुरू किया। इसके अलावा, वह अब सैनिक-स्कूल और इंजीनियरिंग कालेज में भी रसायन-विज्ञान पढ़ाने लगे। इस बार उनका पढ़ाने का विषय था – कार्बनिक रसायन (ऑर्गेनिक केमिस्ट्री)।

उस समय तक इस विषय पर रूसी भाषा में कोई उत्तम पाठ्य-पुस्तक नहीं थी। मेंडेलीफ ने कार्बनिक रसायन पर एक ग्रंथ लिखने का काम हाथ में लिया। रात-दिन परिश्रम किया और केवल दो महीने के भीतर ग्रंथ पूरा कर डाला। विद्वानों ने इस ग्रंथ की खूब प्रशंसा की। रूस की विज्ञान अकादमी ने इस ग्रंथ के लिए मेंडेलीफ को अपना देमिदोव पुरस्कार प्रदान किया।

मेंडेलीफ ने यह ग्रंथ बिल्कुल नए ढंग से लिखा था। कार्लश्रुहे में रसायनज्ञों का जो पहला अंतर्राष्ट्रीय सम्मेलन हुआ था, उसमें यह निर्णय हुआ था कि रसायन-विज्ञान का अध्ययन अब अणु, परमाणु आदि

10

की सहायता से होना चाहिए। दो या अधिक परमाणु मिलकर अणु बनते हैं। रासायनिक क्रियाएं इन्हीं अणुओं में रद्दोबदल होने से घटित होती हैं। इस प्रक्रिया में एक तत्व के अणु दूसरे तत्वों के अणुओं के साथ एक खास नियम के साथ मिलते हैं। खास नियम से मिलने की इस बात को रसायन में 'संयोजकता' (वैलेंसी) का नाम दिया गया है।

मेंडेलीफ ने अपने ग्रंथ में रासायनिक प्रक्रियाओं को समझाने के लिए परमाणु के इस गुणधर्म का इस्तेमाल किया। इस ग्रंथ की दूसरी विशेषता यह थी कि इसमें रहस्यमय बातों के लिए कोई स्थान नहीं था। उस समय तक बहुत-से वैज्ञानिकों का मत था कि कार्बनिक (जीवित) द्रव्यों में एक प्रकार की 'जीवन-शक्ति' होती है। इस जीवन-शक्ति का संबंध वे ईश्वर के साथ जोड़ते थे। परंतु मेंडेलीफ ने अपने ग्रंथ में स्पष्ट लिखा कि, "जीवित वस्तुओं से संबंधित कोई भी घटना किसी अदृश्य शक्ति के कारण नहीं है, बल्कि प्रकृति के सर्वसामान्य नियमों के कारण है।"

सन् 1865 में मेंडेलीफ ने 'डाक्टर' की उपाधि के लिए एक शोध-प्रबंध लिखा। उनका यह प्रबंध पानी और अल्कोहल के मिश्रण से संबंधित था।

तुम्हें मेंडेलीफ के प्रिय अध्यापक वोस्क्रेसेन्स्की की जरूर याद होगी। सन् 1867 में वोस्क्रेसेन्स्की की खार्कोव में बदली हो गई। सेंट-पीटरबर्ग में रसायन-विज्ञान का प्राध्यापक-पद खाली हो गया। यह पद अब किसको दिया जाए ? कौन इस पद के योग्य है ?

सोचने की जरूरत ही नहीं थी। मेंडेलीफ की योग्यता का कोई दूसरा रसायनविद् इस समय रूस में नहीं था। 33 साल के मेंडेलीफ प्राध्यापक नियुक्त हुए।

मेंडेलीफ के लेक्चरों में कुछ ऐसा अजीब आकर्षण था कि उनसे रसायन-विज्ञान पढ़नेवाले विद्यार्थी तो नियमित रूप से हाजिर रहते ही थे, दूसरे विभागों के विद्यार्थी भी उनके लेक्चर सुनने के लिए उतावले रहते थे। आजकल किसी प्रसिद्ध सिने-तारिका को देखने के लिए जिस प्रकार लोग टूट पड़ते हैं, उसी प्रकार उस तरुण वैज्ञानिक के लेक्चर सुनने के लिए सेंट-पीटरबर्ग विश्वविद्यालय के विद्यार्थी टूट पड़ते थे। चिकित्सा-विभाग से विद्यार्थी आते। कानून-विभाग से विद्यार्थी आते। इतिहास के विद्यार्थी वहां पहुंचते। दूसरी संस्थाओं से भी विद्यार्थी वहां पहुंचते।

मेंडेलीफ (1869 ई. का फोटो)

प्राध्यापक के पहुंचने के पहले ही हॉल पूरा भर जाता। कुछ विद्यार्थियों को दरवाजे के पास और खिड़कियों के बाहर खड़ा रहना पड़ता! उस प्राध्यापक के क्लास में पहुंचने का सभी इंतजार करते रहते!

क्लास के मंच के पीछे एक दरवाजा था। उस दरवाजे के पीछे एक प्रयोगशाला थी। ठीक समय पर वह दरवाजा

खुलता और मेंडेलीफ मंच पर हाजिर होते। लंबे भूरे बाल पीछे कंधों पर गिरे हुए, दाढ़ी के भूरे बालों के कारण चेहरा किसी ऋषि-मुनि जैसा लगता; कमर थोड़ी झुकी हुई – यही रूप था तरुण मेंडेलीफ का। उनके मंच पर पहुंचते ही सारे हॉल में तालियों की गड़गड़ाहट सुनाई देती है। फिर शांति छा जाती है। तरुण प्राध्यापक का भाषण शुरू हो जाता ...

मेंडेलीफ ने अब एक और ग्रंथ लिखना शुरू किया था। कौन-सा ग्रंथ ?

"रसायन-विज्ञान के मूलाधार !"

यही ग्रंथ लिखते समय मेंडेलीफ ने एक महान खोज की।

आवर्त्त-तालिका की खोज ! आवर्त्त-नियम की खोज !!

तुम पूछोगे – 'आवर्त्त' के क्या माने हैं ?

इस शब्द का अर्थ तो तुम जानोगे ही, तुम्हें यह भी जानना है कि आवर्त्त-नियम क्या है; क्योंकि रसायन-विज्ञान के अध्ययन के लिए इस नियम की जानकारी बहुत जरूरी है। आवर्त्त-नियम रसायन-विज्ञान की आधारशिला है।

तो आओ, हम-तुम मिलकर पता लगाएं कि यह नियम कैसे खोजा गया ...

हां, तो मेंडेलीफ एक ग्रंथ लिख रहे थे ...

रसायन-विज्ञान के मूलाधार !

विद्यार्थियों को रसायन-विज्ञान पढ़ाने के लिए तैयारी करते समय मेंडेलीफ ने जो टिप्पणियां लिखी थीं, उन्हीं के आधार पर वे यह ग्रंथ तैयार कर रहे थे। ग्रंथ के प्रकाशित होने की विद्यार्थी बड़ी उत्सुकता से राह देख रहे थे। लेकिन

स्वयं मेंडेलीफ को संतोष नहीं हो रहा था। उनका लक्ष्य केवल ग्रंथ लिखना नहीं था। वह कुछ दूसरी ही बात सोच रहे थे, बहुत गहरी बात ...

तुम्हें हम बता चुके हैं कि उस समय तक – 1869 ई. तक – यूरोप के वैज्ञानिक 63 मूलतत्व खोज चुके थे। पर ये 63 मूलतत्व, सैकड़ों ही नहीं, हजारों वस्तुओं को जन्म देते थे : ऑक्साइड्स (किसी अन्य तत्व के साथ आक्सीजन के मेल से बनी वस्तुएं), लवण, क्षार ...। गैस, तरल, मणिभ, धातुएं ...। कुछ वस्तुएं कठोर, तो कुछ बहुत ही मुलायम ! कुछ में तेज गंध, तो कुछ में बिल्कुल गंध नहीं ! कुछ भारी, तो कुछ हलकी ! किसी का कोई रंग नहीं, तो किसी का रंग आंखों में दर्द पैदा कर दे !

रसायनविद् इन हजारों वस्तुओं के बारे में बारीक-से-बारीक बातें जानते थे। वे प्रत्येक खनिज का रंग जानते थे, उसके मणिभों की रचना जानते थे, उसका विशिष्ट-गुरुत्व जानते थे, उसके उबलने या पिघलने का ताप-बिंदु जानते थे। इस प्रकार, संसार की इन नाना वस्तुओं के बारे में रसायनविद् सैकड़ों बातों की जानकारी रखते थे। इस जानकारी का कोई अंत नहीं था।

फिर भी, यह सारी जानकारी एक घने जंगल की तरह थी। इसमें पैर रखने के बाद आगे इसमें न कोई पगडंडी थी, न कोई रास्ता। अजीब गोलमाल था।

तो क्या इस संसार की इन सारी वस्तुओं में कोई नियम नहीं है ? कोई तारतम्य नहीं है ? क्या संसार की सारी वस्तुएं इसी प्रकार बेमेल हैं ?

उस समय के वैज्ञानिक इस सवाल के बारे में गहराई से सोच रहे थे, किंतु उन्हें इस घने जंगल में कोई रास्ता नजर नहीं आता था। नतीजा यह कि रसायन-विज्ञान का अध्ययन मनमाने ढंग से होने लगा। उस समय अधिकांश वैज्ञानिक सारे मूलतत्वों को दो भागों में विभाजित करते थे – धातु और अधातु। "यदि संसार की वस्तुओं में कोई नियमबद्धता ही नहीं है, तो हम मूलतत्वों को चाहे जिस क्रम में रख सकते हैं", उस समय के रसायनविदों का यही मत था।

अधिकांश वैज्ञानिक आक्सीजन से शुरू करते थे, क्योंकि संसार में इस तत्व की मात्रा सबसे अधिक है। कुछ दूसरे रसायनज्ञ हाइड्रोजन से शुरू करते थे, क्योंकि हाइड्रोजन सबसे हलका तत्व है। कुछ वैज्ञानिक लोहे से शुरू करते थे, क्योंकि लोहा सबसे अधिक उपयोगी वस्तु है !

अजीब स्थिति थी। सब कुछ उलझा हुआ !

लेकिन मेंडेलीफ अपने विद्यार्थियों के सामने संसार की सारी वस्तुओं का एक योजनाबद्ध चित्र प्रस्तुत करना चाहते थे। वह अपने ग्रंथ में उन प्रमुख नियमों का समावेश करना चाहते थे, जिनके आधार पर संसार की रचना हुई। क्या संसार की इन नाना वस्तुओं की गहराई में ऐसे कुछ नियम हैं ?

यह सही है कि संसार की सारी वस्तुएं इन कुछ मूलतत्वों के योग से बनी हैं। परंतु सारी दिक्कतें शुरू होती थीं इन्हीं मूलतत्वों से। हर मूलतत्व की अपनी कुछ विशेषताएं थीं, कुछ विशेष गुणधर्म थे। आरंभ में हर तत्व मनमाने गुणों वाला जान पड़ता था। तो क्या इन तत्वों में कोई एकसूत्रता है ही नहीं ?

दूसरे वैज्ञानिक एकसूत्रता खोजने के झमेले में नहीं पड़ना चाहते थे। किंतु मेंडेलीफ का शुरू से ही मत था कि इन मूलतत्वों में अवश्य कोई एकसूत्रता है।

'रसायन-विज्ञान के मूलाधार' ग्रंथ लिखते समय मेंडेलीफ तत्वों की इसी एकसूत्रता की खोज कर रहे थे ...

मेंडेलीफ तत्वों में उस मूल बात की खोज कर रहे थे जिसके आधार पर सारे तत्वों को एक योजनाबद्ध कतार में खड़ा किया जा सके। लेकिन मूल आधार क्या हो सकता था ?

तत्वों का रंग ?

नहीं। तत्वों के रंग के बारे में एक राय देना संभव नहीं। फास्फोरस दो रंग के मिलते हैं – लाल फास्फोरस और पीला फास्फोरस। पीले सोने की पतली पत्री बनाई जाए, तो यह नीला-हरा रंग देती है और अभ्रक की तरह पारदर्शी बन जाती है !

विशिष्ट गुरुत्व ?

तत्वों के इस गुणधर्म में भी एकसूत्रता नहीं खोजी जा सकती; क्योंकि जैसे ही किसी वस्तु को थोड़ा-सा गर्म किया जाए, उसका विशिष्ट गुरुत्व बदल जाता है।

इसी प्रकार, ताप या विद्युत की संवाहकता या चुंबकत्व को तत्वों की एकसूत्रता के लिए मूलाधार नहीं बनाया जा सकता।

तब ?

मेंडेलीफ का पक्का विश्वास था कि, "सभी तत्वों में कोई-न-कोई संबंध होना चाहिए, कोई-न-कोई छिपा हुआ सूत्र

होना चाहिए। ऐसा कोई मूलाधार जरूर होना चाहिए, जो बिना किसी अपवाद के सभी तत्वों को एक सूत्र में बांधता है। यदि हमें यह मूलाधार ज्ञात हो जाता है, तो हम न केवल सारे तत्वों को, बल्कि इन तत्वों से बनी हुई असंख्य वस्तुओं को भी, उसी प्रकार एक योजनाबद्ध कतार में खड़ा कर सकते हैं, जैसे परेड के समय सैनिकों को खड़ा किया जाता है।"

मेंडेलीफ ने खूब गहराई से सोचा और अंत में उन्हें वह मूल आधार मिल ही गया !

यह था, तत्व का परमाणु-भार।

चाहे कोई भी तत्व लो, उसका एक निश्चित परमाणु-भार होता है, जो प्रयोगों से ज्ञात किया जाता है। तत्व चाहे भारी हो या हलका, गर्म हो या ठंडा, पीला हो या लाल, किसी भी परिस्थिति में तत्व का परमाणु-भार एक-जैसा रहता है। परमाणु-भार तत्व की असली पहचान है।

तत्वों की सबसे छोटी इकाई है : परमाणु। सबसे हलके तत्व हाइड्रोजन के परमाणु का भार 1 मान लिया जाता है। फिर यह पता लगाया जाता है कि दूसरे तत्वों के परमाणु हाइड्रोजन के एक परमाणु से कितने गुना भारी हैं। जिस तत्व का परमाणु हाइड्रोजन के परमाणु से जितने गुना भारी होगा, वही उस तत्व का परमाणु-भार कहा जाता है। उदाहरण के लिए, आक्सीजन का परमाणु-भार 16 है। इसका यह अर्थ हुआ कि आक्सीजन के परमाणु, हाइड्रोजन के परमाणु से 16 गुना भारी हैं। सोने का परमाणु-भार 197 है ; अर्थात् सोने के परमाणु हाइड्रोजन के परमाणु से 197 गुना भारी हैं।

किसी भी तत्व के परमाणु का आकार उसके परमाणु-भार को निर्धारित करता है। किसी भी एक तत्व के सारे परमाणु एक-से होते हैं। किन्हीं भी दो तत्वों के परमाणुओं में आकार तथा भार का अंतर रहता है।

मेंडेलीफ सोचने लगे – तो क्या परमाणुओं के आकार और भार के इस भेद के आधार पर सारे तत्वों के समान गुणों को और भेदों को समझाया जा सकता है।

मेंडेलीफ को पक्का विश्वास हो गया कि परमाणु-भार के रूप में उन्हें एक कुंजी मिल गई है।

उस समय वैज्ञानिकों को 63 मूलतत्व मालूम थे। मेंडेलीफ ने ताश के पत्ते-जैसे 63 कार्ड लिए।

तुम पूछोगे – कार्ड किसलिए ?

इन कार्डों से मेंडेलीफ कोई खेल खेलने नहीं जा रहे थे। वह विज्ञान में एक महान खोज करने जा रहे थे।

तत्वों की तालिका की खोज ...

11

मेंडेलीफ ने 63 चौकोर कार्ड लिये। इनमें से प्रत्येक कार्ड पर उन्होंने एक-एक तत्व का नाम, उसके महत्वपूर्ण गुणधर्म और उसका परमाणु-भार लिखा।

फिर क्या किया ?

मेंडेलीफ उन कार्डों की सहायता से तत्वों में एकसूत्रता खोजने लगे। उन्होंने उन कार्डों को कई तरह से रखकर देखा, सैकड़ों बार उनके स्थान बदले, तत्वों के गुणधर्मों में समानताएं और भेद खोजने की कोशिश की। मेंडेलीफ सारे तत्वों में एक व्यापक नियम, एक व्यवस्था खोजने लगे ...

रात-दिन, पढ़ते समय, प्रयोगशाला में काम करते समय, घर पर या सड़क पर चलते समय – हर घड़ी उनके दिमाग में वे 63 कार्ड मंडराया करते थे। उन्हें एक कतार में खड़ा करें, तो कैसे ?

एक दिन रात को मेंडेलीफ उन्हीं 63 कार्डों को मेज पर फैलाए कुछ सोच रहे थे। सोचते रहे। आखिर सोचते-सोचते थक गए – और, सो गए।

किंतु दिमाग अब भी नहीं सोया। नींद में भी

उनका दिमाग काम करता रहा। उनके एक विद्यार्थी ने बताया है कि उस रात मेंडेलीफ ने एक 'सपना' देखा था। लेकिन यह तो उनके विद्यार्थी का कथन था। दरअसल, मेंडेलीफ जब आंखें बंद किए 'सो' रहे थे, तो वह सोए नहीं थे। उनका दिमाग जाग रहा था, काम कर रहा था; मेंडेलीफ की सिर्फ आंखें बंद थीं। दिमाग काम करता रहा, काम करता रहा ...। और, उस 'सपने' में उन्होंने देखा कि सारे तत्व एक तालिका में सज गए हैं !

दूसरे दिन सुबह उठने पर मेंडेलीफ ने उस तालिका को लिख लिया। यह सन् 1869 के शुरू के महीनों की बात है।

कैसी थी वह तालिका ?

सभी रासायनिक तत्व एक प्राकृतिक क्रम में बैठ जाते हैं ! आरंभ होता है, हाइड्रोजन से। यह सबसे हलका तत्व है और इसके परमाणु सबसे छोटे हैं। सबसे भारी तत्व है यूरेनियम, जिसका परमाणु-भार है 238। इन दो सिरों के बीच सभी तत्व– बढ़ते हुए परमाणु-भार के क्रम में – अपना-अपना स्थान ग्रहण कर लेते हैं। परमाणु-भार के अनुसार यदि तत्वों की एक तालिका बनाई जाए, तो ये सारे तत्व कुछ वर्गों या परिवारों में बंट जाते हैं और प्रत्येक वर्ग के गुणधर्म एक-जैसे प्रकट होते हैं।

कल्पना करो एक भीड़ की। इस भीड़ के लोग कम-ज्यादा ऊंचाई के हैं और इनकी पोशाक भिन्न-भिन्न रंगों की। पहली नजर में यह भीड़ एक मेले-जैसी लगती है। किंतु अब कल्पना करो कि इस भीड़ के व्यक्तियों को ऊंचाई के अनुसार कुछ

कतारों में खड़ा कर दिया गया है। तब जादू की तरह एक नई चीज सामने आती है। ऊंचाई के अनुसार पंक्तियां बनाने पर एक स्तंभ (कॉलम) में एक ही रंग की पोशाक पहने लोग नजर आते हैं!

मेले की भीड़ को इस प्रकार यदि कतारों में खड़ा किया जाए, तो शायद ही रंगों की यह एकसूत्रता नजर आए। किंतु मेंडेलीफ ने जब तत्वों को सात स्तंभों की कतारों में खड़ा किया तो उन्हें इनमें एकसूत्रता नजर आई, एक नियमबद्धता दिखाई दी।

इस प्रकार, शुरू में वस्तु-जगत में जो अनेकरूपता जान पड़ती थी, उसके मूल में यह अद्‌भुत एकसूत्रता प्रकट हुई। तत्वों को कतारों में रखने से एक ही स्तंभ के सारे तत्व एक-जैसे गुणधर्म दरशाते हैं! हर पंक्ति में तत्व पुनः उन्हीं गुणधर्मों को दोहराते हैं जो कि पहले की पंक्ति के तत्वों के होते हैं। तत्वों के गुणधर्मों की यह पुनरावृत्ति एक महान खोज थी।

मेंडेलीफ ने इस तालिका को 'आवर्त्त-तालिका' या 'आवर्त्त-नियम' का नाम दिया। 'आवर्त्त' का अर्थ है – बार-बार दोहराना।

खोज पूरी हो चुकने के बाद कोई भी महान आविष्कार काफी सरल मालूम होता है। सभी सोचते हैं कि यह आविष्कार किसी ने पहले ही क्यों नहीं किया ! कुछ दूसरे वैज्ञानिकों ने भी परमाणु-भार को आधार बनाकर इस प्रकार की तालिका बनाने के प्रयत्न किए थे, किंतु उन्हें पूर्ण सफलता नहीं मिली थी। अंत में मेंडेलीफ ने यह महान खोज की।

ОПЫТЪ СИСТЕМЫ ЭЛЕМЕНТОВЪ,

ОСНОВАННОЙ НА ИХЪ АТОМНОМЪ ВѢСѢ И ХИМИЧЕСКОМЪ СХОДСТВѢ.

			Ti = 50	Zr = 90	? = 180.
			V = 51	Nb = 94	Ta = 182.
			Cr = 52	Mo = 96	W = 186.
			Mn = 55	Rh = 104,4	Pt = 197,4
			Fe = 56	Ru = 104,4	Ir = 198
			Ni = Co = 59	Pl = 106,6	Os = 199.
H = 1			Cu = 63,4	Ag = 108	Hg = 200
	Be = 9,4	Mg = 24	Zn = 65,2	Cd = 112	
	B = 11	Al = 27,4	? = 68	Ur = 116	Au = 197?
	C = 12	Si = 28	? = 70	Sn = 118	
	N = 14	P = 31	As = 75	Sb = 122	Bi = 210?
	O = 16	S = 32	Se = 79,4	Te = 128?	
	F = 19	Cl = 35,5	Br = 80	I = 127	
Li = 7	Na = 23	K = 39	Rb = 85,4	Cs = 133	Tl = 204
		Ca = 40	Sr = 87,6	Ba = 137	Pb = 207.
		? = 45	Ce = 92		
		?Er = 56	La = 94		
		?Yt = 60	Di = 95		
		?In = 75,6	Th = 118?		

Д. Менделѣевъ

मेंडेलीफ द्वारा रूसी भौतिकविदों और रसायनविदों को भेजा गया 'तत्वों की व्यवस्था की रूपरेखा' का पन्ना।

प्रकृति का कोई भी व्यापक नियम, न केवल पहले की जानकारी को एकसूत्रता में बांधता है, बल्कि नए तथ्य खोजने

में भी सहायक बनता है।

मेंडेलीफ द्वारा खोजा गया यह आवर्त्त-नियम ऐसा ही एक व्यापक एवं शक्तिशाली नियम था। एक बार यह नियम खोजा गया, तो फिर गलत तथ्यों को तो दुरुस्त किया ही जा सकता है, इससे नए तथ्य खोजने में भी मदद मिलती है।

तुम जानते हो कि तत्वों के परमाणु-भार को आधार बनाकर मेंडेलीफ ने इस आवर्त्त-तालिका को खोजा था। तो क्या उस समय के वैज्ञानिकों को सारे तत्वों के परमाणु-भार सही-सही मालूम थे ?

नहीं। लेकिन अब मेंडेलीफ के सामने आवर्त्त-नियम था। इस नियम की सत्यता में उनका अटूट विश्वास था। इसी के आधार पर उन्होंने कुछ तत्वों के परमाणु-भारों को गलत सिद्ध किया। उन्होंने कहा कि टेल्यूरियम तत्व का परमाणु-भार 128 नहीं, बल्कि 123 और 127 के बीच में होना चाहिए।

तत्वों के बारे में नई जानकारी देने के लिए अब मेंडेलीफ को प्रयोगशाला में जाने की जरूरत नहीं थी।

वह अपनी इस आवर्त्त-तालिका को देखकर ही तत्वों के गुणधर्मों के बारे में नई-नई जानकारी देने में समर्थ थे। इतना ही नहीं, अब वह नए तत्व – ऐसे तत्व जो तब तक खोजे नहीं गए थे – के बारे में भी भविष्यवाणी करने में समर्थ थे।

नए तत्व !

तुम कहोगे : प्रयोगशाला में खोजे बिना नए तत्वों का पता कैसे चल सकता है ?

चल सकता है। और, यही इस आवर्त्त-तालिका की सबसे बड़ी विशेषता थी। मेंडेलीफ ने केवल अपनी आवर्त्त-तालिका का अध्ययन करके ही कई नए तत्वों के होने की भविष्यवाणी की।

आओ, हम तुम्हें इसके बारे में बताते हैं...

सन् 1869 का वर्ष। उसी वर्ष यानी आज से लगभग एक सौ पैंतीस साल पहले मेंडेलीफ ने अपनी आवर्त्त-तालिका खोजी थी। उस समय तक वैज्ञानिकों को कुल मिलाकर 63 मूलतत्व ही मालूम थे। सबसे भारी तत्व यूरेनियम का परमाणु-भार 238 था। अतः मेंडेलीफ की आवर्त्त-तालिका में तत्वों के कई घर खाली थे।

खाली घरों वाले ये तत्व कौन-से थे ? कोई भी इन तत्वों के बारे में नहीं जानता था। किसी ने भी इन तत्वों के दर्शन नहीं किए थे !

भविष्यवाणियों के दिन लद चुके थे। यूरोप के वैज्ञानिक अब भविष्यवाणियों में यकीन नहीं करते थे। फिर भी, मेंडेलीफ ने भविष्यवाणी की। उन्होंने कहा :

"एक ऐसा तत्व है जिसे अब तक नहीं खोजा गया है। मैंने उसे 'एक-एल्यूमिनियम' का नाम दिया है। मैंने उस अज्ञात तत्व को यह नाम इसलिए दिया है क्योंकि उसके गुणधर्म एल्यूमिनियम धातु-जैसे होंगे। यदि इस तत्व को खोजो, तो यह तुम्हें अवश्य मिल जाएगा।"

धर्म के किसी पैगंबर की तरह मेंडेलीफ ने यह भविष्यवाणी की थी। लेकिन पैगंबर की भविष्यवाणी और विज्ञान की

भविष्यवाणी में बहुत बड़ा अंतर होता है। मेंडेलीफ ने आवर्त्त-तालिका के रूप में प्रकृति के एक व्यापक एवं शक्तिशाली नियम की खोज की थी। नियम की खोज होने पर भी इसमें कुछ घर खाली थे। व्यापक नियम के आधार पर इन खाली घरों वाले अज्ञात तत्वों के बारे में भविष्यवाणी की जा सकती थी। इसीलिए मेंडेलीफ ने कहा कि अमुक खाली घर में अमुक गुणधर्मों वाला तत्व होना चाहिए। इतना ही नहीं, उन्होंने उस अज्ञात तत्व का परमाणु-भार भी बताया। और, तब पूरे यकीन के साथ कहा – खोजो 'एक-एल्यूमिनियम' को !

पर यह 'एक-एल्यूमिनियम' क्या है ? एल्यूमिनियम के पहले यह 'एक' शब्द क्यों ? 'एक' तो भारतीय शब्द है ? – तुम शायद पूछोगे।

सचमुच ही, यह भारतीय शब्द है। मूलतः यह संस्कृत का शब्द है। आज भी हम 1 के अर्थ में इस शब्द का इस्तेमाल करते हैं। मेंडेलीफ के 'एक-एल्यूमिनियम' का अर्थ था – एल्यूमिनियम + 1 !

मेंडेलीफ ने केवल 'एक-एल्यूमिनियम' की ही भविष्यवाणी नहीं की थी। उन्होंने इसी प्रकार 'एक-बोरॉन' और एक अन्य तत्व की भी भविष्यवाणी की थी। मेंडेलीफ ने इन तत्वों को देखा नहीं था। उन्होंने केवल अपनी आवर्त्त-तालिका का अध्ययन करके ही प्रकृति में इन तत्वों के होने की बात कही थी। उन्होंने इन अज्ञात तत्वों के परमाणु-भार बताए और यह भी बताया कि ये तत्व कौन-से यौगिक बनाते हैं।

यह कैसा जादू है ? जिन तत्वों को किसी ने देखा नहीं, स्वयं मेंडेलीफ ने भी नहीं देखा, उनके गुणधर्म बताए जा रहे हैं !

उस समय के वैज्ञानिकों ने मेंडेलीफ़ की इन भविष्यवाणियों का मजाक उड़ाया। वे कहते, “यह रसायन-विज्ञान नहीं है, यह तो जादू है ! यह तो सपनों के आधार पर भविष्य बताने जैसा हुआ !”

साल गुजरते गए। मेंडेलीफ की भविष्यवाणियों को वैज्ञानिक भूल गए !

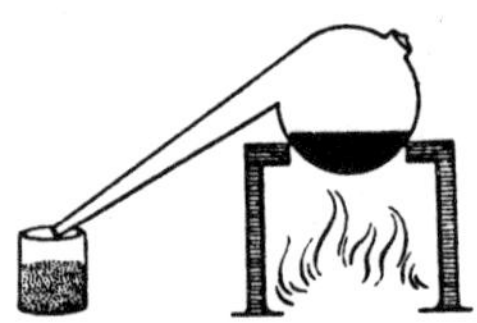

12

छह साल बाद ...

20 सितंबर, 1875 का दिन आया। उस दिन पेरिस की विज्ञान अकादमी की एक बैठक में एक विद्यार्थी का पत्र पढ़ा गया – "परसों रात 27 अगस्त, 1875 को, सुबह तीन और चार बजे के बीच, मैंने एक नए तत्व की खोज की है। यह तत्व मैंने पाइरेनीज की खान के जिंक-सल्फाइड में खोजा है ..."

नया तत्व ! बहुत वर्षों बाद वैज्ञानिकों ने नए तत्व की खोज का समाचार सुना था। जिस तरुण फ्रांसीसी वैज्ञानिक ने यह नया तत्व खोजा था उसका नाम था लेकॉ द बॉयसबॉद्रां। इस तरुण वैज्ञानिक ने अपने पत्र में यह भी सूचित किया था कि इस तत्व के गुणधर्मों के बारे में उसकी खोज जारी है। अभी वह इतना ही बता सकता है कि यह नया तत्व कई बातों में एल्यूमिनियम तत्व-जैसा है। ...

उस तरुण वैज्ञानिक ने इस नए तत्व को 'गैलियम' नाम दिया – अपने देश के नाम पर। फ्रांस का पुराना लैटिन नाम 'गालिया' था।

मेंडेलीफ को सेंट-पीटरबर्ग में जब इस नए तत्व की खोज का समाचार मिला, तो वह भी चकित रह गए। पाइरेनीज की एक खान में तरुण फ्रांसीसी वैज्ञानिक ने जो यह तत्व खोजा था, वह असल में नया नहीं था। छह साल पहले मेंडेलीफ ने इस तत्व के बारे में भविष्यवाणी की थी! यह वही 'एक-एल्यूमिनियम' तत्व था!

मेंडेलीफ (यारोशेंको का चित्र)

पुराने जमाने में ऐसी घटना को लोग जादू का नाम देते। अपनी भविष्यवाणी को सही उतरी हुई देखकर मेंडेलीफ को अपार आनंद हुआ। उन्होंने पेरिस की उस विज्ञान अकादमी को पत्र लिखा, "गैलियम वही 'एक-एल्यूमिनियम' तत्व है जिसकी मैंने भविष्यवाणी की थी। इसका परमाणु-भार है लगभग

68, और इसका विशिष्ट-गुरुत्व है लगभग 5.9 । परीक्षण कीजिए और देखिए कि यह सही है या नहीं।"

अजीब स्थिति थी ! सेंट-पीटरबर्ग में एक वैज्ञानिक अपने अध्ययन-कक्ष में बैठकर भविष्यवाणियां कर रहा था और दूसरा वैज्ञानिक पेरिस की प्रयोगशाला में प्रयोग करके उन भविष्यवाणियों को सिद्ध कर रहा था !

लेकिन यह क्या ? पेरिस में नए गैलियम तत्व पर प्रयोग करते समय इसका विशिष्ट गुरुत्व 4.7 निकला, न कि 5.9, जैसा कि मेंडेलीफ ने कहा था।

तो क्या मेंडेलीफ की भविष्यवाणी गलत थी ? मेंडेलीफ को जब इसका पता चला तो उन्होंने सेंट-पीटरबर्ग से लिखा, "वह आंकड़ा गलत है। गैलियम का विशिष्ट-गुरुत्व 5.9 ही होना चाहिए। आप गैलियम के शुद्ध टुकड़े को लेकर पुनः परीक्षण कीजिए।"

और, सचमुच ही, शुद्ध गैलियम लेकर पुनः परीक्षण किया गया, तो मेंडेलीफ की ही बात सही निकली। गैलियम का विशिष्ट-गुरुत्व 5.9 ही था।

मेंडेलीफ की आवर्त्त-तालिका की यह एक महान विजय थी। कुछ दिनों बाद स्कैंडिनेविया के दो वैज्ञानिक निल्सन और क्लीव ने मेंडेलीफ के 'एक-बोरॉन' तत्व की खोज की और इसे 'स्कैंडियम' नाम दिया।

मेंडेलीफ ने 1890 ई. में एक और अज्ञात तत्व 'एक-सिलिकान' की भविष्यवाणी की थी। पंद्रह साल बाद जर्मन रसायनज्ञ विंकलेर ने चांदी के एक खनिज में इस तत्व की खोज की

और इसे 'जर्मेनियम' नाम दिया। इस तत्व के गुणधर्मों के बारे में भी मेंडेलीफ की भविष्यवाणियां लगभग सही निकलीं।

अब तो मेंडेलीफ के आवर्त्त-नियम के बारे में किसी को भी संदेह नहीं रह गया। मेंडेलीफ की तालिका से अब सारे तत्वों का चित्र साफ-साफ नजर आने लगा। आवर्त्त-तालिका के खाली घरों वाले तत्वों को खोजना अब आसान हो गया। अब नए तत्व खोजने की कुंजी हाथ लग गई थी।

फिर भी, नए तत्वों के बारे में कुछ अद्‌भुत बातें अभी छिपी हुई थीं – इतनी अद्‌भुत कि उन्होंने मेंडेलीफ को भी चकित कर दिया। नए तत्वों का ऐसा वर्ग खोजा गया जिसके बारे में खुद मेंडेलीफ भी अंदाजा नहीं लगा सके थे। लेकिन इन नए तत्त्वों की खोज ने मेंडेलीफ की आवर्त्त-तालिका को गलत साबित नहीं किया। उलटे इन नए तत्वों ने मेंडेलीफ की आवर्त्त-तालिका की और अधिक पुष्टि की।

लेकिन यह आगे की बात है। इस अद्‌भुत खोज के बारे में संक्षेप में हम आगे बताएंगे। अभी तो हमें यह देखना है कि अपनी महान खोज के बाद मेंडेलीफ ने आगे क्या-कुछ किया ...

13

तुम्हें याद होगा कि जर्मनी में दो साल तक रहने के बाद मेंडेलीफ 1861 ई. में सेंट-पीटरबर्ग लौट आए थे। तब मेंडेलीफ की उम्र केवल 28 साल थी।

अगले साल उन्होंने फेओज्वा निकितिच्ना लेश्चेवा से विवाह किया। फेओज्वा दुबली-पतली, चिड़चिड़े दिमाग की औरत थी। मेंडेलीफ के खोजकार्य में उसकी कोई दिलचस्पी नहीं थी। ऐसी हालत में दोनों की कैसे पट सकती थी ? विवाह होने पर भी बेचारे मेंडेलीफ अकेले रह गए।

एक लंबे अरसे तक उनका जीवन ऐसे ही चलता रहा। उन्होंने अपनी सारी शक्ति अपने खोजकार्य में लगा दी। अंत में 1878 ई. में एक लड़की पर उनकी नजर पड़ी। वह लड़की थी अन्ना इवानोव्ना पोपोवा।

अन्ना वैज्ञानिक के जीवन को समझती थी। स्वभाव भी उसका कोमल था। अंत में 1880 ई. में मेंडेलीफ और अन्ना का विवाह हो गया। इस दूसरे विवाह के बाद मेंडेलीफ का पारिवारिक जीवन सुख और शांति में बीतने लगा। बाद में अन्ना से मेंडेलीफ के दो पुत्र

और दो पुत्रियां हुईं।

हम तुम्हें बता चुके हैं कि मेंडेलीफ ने 'रसायन-विज्ञान के मूलाधार' ग्रंथ को लिखने की शुरुआत की थी। इसी ग्रंथ को तैयार करते समय 1869 ई. में उन्होंने आवर्त्त-तालिका की खोज की थी। आवर्त्त-तालिका के आधार पर ही उन्होंने अपने इस महान ग्रंथ की रचना की। उनका यह ग्रंथ 1871 ई. के शुरू में प्रकाशित हुआ। जिस ग्रंथ को तैयार करते हुए उन्होंने आवर्त्त-तालिका की खोज की थी, उस ग्रंथ के प्रति उनका विशेष प्रेम होना स्वाभाविक बात थी।

इसीलिए उन्होंने लिखा था कि, "'मूलाधार' मेरा प्रिय पुत्र है। 'मूलाधार' माने मैं। अध्यापक के रूप में मेरे सारे अनुभव और विज्ञान के बारे में मेरे गहन विचार इस ग्रंथ में समाहित हैं।"

बाद में इस ग्रंथ के कई संस्करण प्रकाशित हुए। मेंडेलीफ नई-नई जानकारी के अनुसार इस ग्रंथ में संशोधन करते गए।

मेंडेलीफ की खास रुचि यद्यपि रसायन-विज्ञान में थी, किंतु उन्होंने अपने को केवल एक विषय और प्रयोगशाला से ही बांधकर नहीं रखा था। आवर्त्त-तालिका की खोज के बाद उन्होंने गैसों के बारे में कई नई बातें खोजीं। इन्हीं गैसों का अध्ययन करते समय उन्होंने एक बार गुब्बारे में आसमान की सैर भी की !

हां, सचमुच ही मेंडेलीफ ने आसमान की सैर की। आज तो तुम अंतरिक्षयात्रा के समाचार प्रायः रोज ही सुनते हो, लेकिन उस समय तक तो हवाई-जहाज भी नहीं बने थे। हां, बड़े-बड़े

गुब्बारे बनते थे, गोंडोला बनते थे। इनमें हल्की हवा भरकर इन्हें आसमान में भेजा जाता था।

मेंडेलीफ ने रूस के भौतिक-रसायन संस्थान को एक नए प्रकार के गोंडोला की योजना बनाकर दी। यह एक ऐसा गोंडोला था जिसमें केवल वैज्ञानिक उपकरण रखने की व्यवस्था थी। तब किसी आदमी को ऊपर भेजने की जरूरत नहीं रह जाती थी। फिर भी, कुछ मित्रों ने मेंडेलीफ से उस गोंडोला में बैठने और ऊपर जाने का आग्रह किया। मेंडेलीफ आग्रह को नहीं टाल सके। 7 अगस्त, 1887 को सूर्य-ग्रहण था। इस ग्रहण का परीक्षण करने के लिए गोंडोला ऊपर भेजा जा रहा था। मेंडेलीफ ने उस गोंडोला में बैठकर आसमान की सैर की।

पहले से ही रूस के तेल-उद्योग में मेंडेलीफ की गहरी रुचि थी। उन्होंने काले-सागर के पास बाकू के प्रसिद्ध तेल-कुओं को पहले एक बार देखा था। उस समय तेल के उत्पादन का उद्योग बहुत बुरी हालत में था। जार सरकार ने खूब अधिक कर लगाए थे। मेंडेलीफ ने सुझाव दिया कि कर हटा दिए जाएं, तो इस उद्योग की हालत सुधर जाएगी। उन्होंने तेल-उद्योग का अध्ययन करने के लिए 1876 ई. में अमरीका की यात्रा की। वहां उन्होंने देखा कि पूंजीपति इस उद्योग से मनमाना मुनाफा कमा रहे हैं, किंतु इस उद्योग के वैज्ञानिक पक्ष पर कोई ध्यान नहीं दिया जा रहा है। अमरीका के तेल-उद्योग के बारे में उन्होंने लिखा : "यह उद्योग केवल मुनाफा कमाने के ख्याल से चालू रखा जा रहा है।"

बाकू के तेल-उद्योग के बारे में मेंडेलीफ ने कई नए सुझाव

मेंडेलीफ और उनकी उराल-यात्रा (1899 ई.) के साथी

दिए। उन्होंने तेल की सफाई करने के कुछ नए तरीके भी खोज निकाले। परंतु उस समय सत्ता के मद में चूर जार सरकार ने उनके सुझावों से कोई विशेष लाभ नहीं उठाया।

मेंडेलीफ ने रूस के कोयला और लोहा उद्योगों के बारे में भी कई सुझाव दिए। ढलती उम्र में 1899 ई. में उन्होंने उराल की लोहा-खानों की लंबी यात्रा की थी।

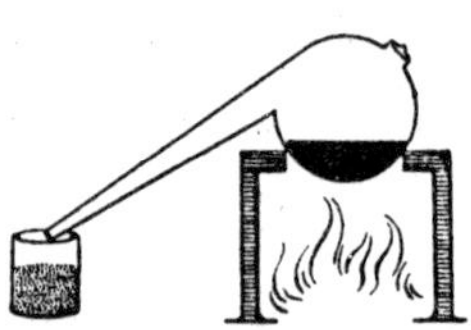

14

पिछले अध्याय में हमने देखा कि मेंडेलीफ ने विज्ञान के साथ उद्योग और मेहनत का संबंध स्थापित करने के लिए अथक प्रयत्न किए। शासन की कटु आलोचना करने में भी वह कभी पीछे नहीं रहे। अपनी सही बात पर डटे रहना उनका सिद्धांत था। ऐसी ही एक बात पर उन्होंने सेंट-पीटरबर्ग विश्वविद्यालय के अपने अध्यापक-पद से त्यागपत्र दे दिया था।

हां, सचमुच ही त्यागपत्र दे दिया था।

जानते हो क्यों ?

इसलिए कि जार सरकार के शिक्षा-विभाग ने विद्यार्थियों की कुछ मांगों को ठुकरा दिया था। इसी बात पर विद्यार्थियों के प्रिय प्राध्यापक मेंडेलीफ ने अपने पद से इस्तीफा दे दिया!

जनता के प्रति अपनी सच्ची वफादारी के लिए मेंडेलीफ को भारी कीमत चुकानी पड़ी। मेंडेलीफ की ख्याति चारों ओर फैल चुकी थी। उनकी गणना अब संसार के महान वैज्ञानिकों में होती थी। इसलिए जार की सरकार उनको कोई दंड नहीं दे सकती थी। लेकिन

सेंट-पीटरबर्ग विश्वविद्यालय में मेंडेलीफ का अध्ययन-कक्ष

अन्य उपायों से उन्हें अपमानित करना सरकार के बाएं हाथ का खेल था।

उस समय रूस में एक विज्ञान अकादमी थी। कहने के लिए यह "रूसी साम्राज्य की सबसे बड़ी वैज्ञानिक संस्था" थी। लेकिन व्यवहार में इस संस्था का हाल कुछ दूसरा ही था।

रूस के एक प्रख्यात वैज्ञानिक झिनिन की मृत्यु हो गई थी। वह इस विज्ञान अकादमी के एक सदस्य थे। उनकी मृत्यु से अकादमी में रसायन-विशेषज्ञ का पद खाली हो गया। उस खाली स्थान के लिए बटलेरोव आदि प्रमुख वैज्ञानिकों ने मेंडेलीफ का नाम सुझाया। सभी जानते थे कि इस खाली स्थान के लिए मेंडेलीफ से बेहतर कोई भी अन्य वैज्ञानिक नहीं मिल सकता।

लेकिन इस पद के लिए चुनाव हुआ, तो उसमें मेंडेलीफ की हार हुई। मेंडेलीफ सरकार की आलोचना करते थे, इसलिए सरकार के पिट्ठू सदस्यों ने अपने वोट मेंडेलीफ के खिलाफ दिए।

मेंडेलीफ का चुनाव न करने से सारे रूस में इस विज्ञान अकादमी की कटु आलोचना हुई। उन दिनों के रूसी समाचार-पत्रों में इस 'मेंडेलीफ प्रकरण' के बारे में खूब लेख प्रकाशित हुए। बटलेरोव ने भी एक लेख लिखा, जिसका शीर्षक था – 'राजकीय विज्ञान-अकादमी : राजा की या रूस की ?'

रूस के जार अलेक्ज़ेंडर-द्वितीय की मार्च, 1881 ई. में हत्या कर दी गई। उसके बाद रूसी शासन में कई प्रकार के परिवर्तन हुए। शासन और भी अधिक कठोर हो गया। शासकों का विचार था कि विज्ञान की उन्नति के कारण रूस के तरुणों में तर्कवादिता बढ़ती जा रही है। इसलिए शासन वैज्ञानिकों पर विशेष निगरानी रखने लगा था।

साल बीतते गए। अंत में शासन के शिक्षा-विभाग की कठोरताएं इतनी अधिक बढ़ गईं कि उन्हें विद्यार्थी सह नहीं सकते थे। 1890 ई. में उस समय के शिक्षा मंत्री काउंट देल्यानोव मेंडेलीफ से बेहद नाराज थे। उसी समय सेंट-पीटरबर्ग के विद्यार्थियों का विरोध तीव्र हो उठा।

विद्यार्थियों ने अपनी एक सभा की। सरकार के सामने अपनी मांगें रखने के लिए उन्होंने एक याचिका तैयार की। फिर उन्होंने एक और सभा बुलाकर उसमें प्राध्यापकों को भी आमंत्रित किया। मेंडेलीफ ने भी उस सभा में भाग लिया।

याचिका को शिक्षा मंत्रालय को भेजने के बारे में सभा में निर्णय लिया गया।

लेकिन कौन इस याचिका को सरकार के सामने पेश करेगा ? बिल्ली के गले में घंटी कौन बांधेगा ?

विद्यार्थियों ने उस याचिका को सरकार के सामने पेश करने की मेंडेलीफ से प्रार्थना की।

क्या मेंडेलीफ इसके लिए तैयार हुए? हां; 16 मार्च, 1890 को मेंडेलीफ ने खुद वह याचिका शिक्षा मंत्री देल्यारोव के सामने पेश की। किंतु देल्यारोव ने उस याचिका को लेने से इनकार कर दिया। उन्होंने याचिका मेंडेलीफ को लौटा दी!

मेंडेलीफ को यह अपमान असह्य लगा। इस बात पर उन्होंने सेंट-पीटरबर्ग विश्वविद्यालय से त्यागपत्र दे दिया!

पिछले 33 सालों से मेंडेलीफ इस विश्वविद्यालय में प्राध्यापक थे। त्यागपत्र देने के बाद 22 मार्च, 1890 को वह अपना अंतिम लेक्चर देने क्लास में आए। लेक्चर की अंतिम पंक्तियां थीं : "मेरा आपसे एक निवेदन है। कई कारण हैं जिससे मैं चाहूंगा कि आप उस समय तालियां न बजाएं जब मैं यहां से चला जाऊं !"

मेंडेलीफ के इन शब्दों से उपस्थित विद्यार्थी-समुदाय इतना अधिक प्रभावित हुआ कि उनके वहां से जाते समय हॉल में एक शब्द भी सुनाई नहीं पड़ा; किसी ने ताली नहीं बजाई ! हॉल में पूरी शांति रही !

विश्वविद्यालय से अवकाश ग्रहण करने पर भी मेंडेलीफ चुपचाप नहीं बैठे। सरकार उनका अपमान भले ही करे, लेकिन

उनकी उपेक्षा नहीं कर सकती थी। मौका पड़े तो सरकार को उनके पास दौड़कर जाना पड़ता था। रूस और जापान के बीच युद्ध छिड़ गया, तो सरकार को पुनः मेंडेलीफ की जरूरत पड़ी। सरकार ने उनसे धुआं-रहित बारूद बनाने को कहा।

मेंडेलीफ ने 1890-91 ई. के बीच एक नए प्रकार की बारूद ईजाद की। उन्होंने इस बारूद को 'पाइरोकोलोडिऑन' का नाम दिया।

सरकार ने इसके बाद मेंडेलीफ से और भी कई सेवाएं लीं। 1892 ई. में उन्हें नए प्रकार के बांट और तौल बनाने का काम सौंपा। मेंडेलीफ ने कई प्रकार के नए सुझाव दिए। उन्होंने 1899 ई. में रूस में मीट्रिक-प्रणाली चालू कर दी।

तुम जानते ही हो कि मीट्रिक-प्रणाली में बहुत-सी सुविधाएं हैं, क्योंकि यह 10 के गुणन पर आधारित होती है। हमारे देश में अब माप-तौल आदि की मीट्रिक-प्रणाली ही चलती है।

इस प्रकार, मेंडेलीफ ने अपने जीवन के अंतिम दिनों तक नए-नए सुझाव देकर अपने देश की सेवा की। दूसरी तरफ, उनकी आवर्त्त-तालिका के आधार पर नए-नए तत्व खोजे जा रहे थे। आवर्त्त-तालिका का उनका आविष्कार रसायन-विज्ञान को तेजी से आगे बढ़ा रहा था।

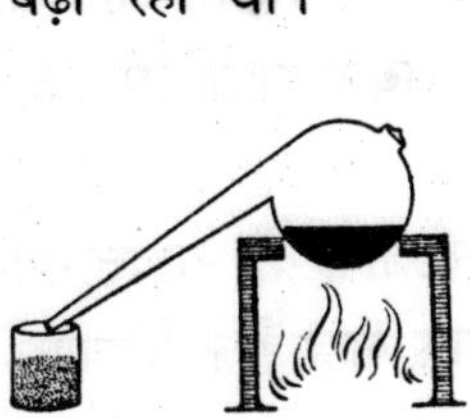

15

हमने वर्णक्रमदर्शी यंत्र या उपकरण के बारे में कुछ बातें तुम्हें पहले बताई हैं। तुम्हें याद होगा कि बुन्सेन और किरचाफ ने इस उपकरण की सहायता से कई नए तत्व खोजे थे। इस यंत्र की सहायता से सूर्य में पाए जाने वाले तत्वों को भी पहचाना गया था।

लेकिन सूर्य के वर्णक्रमपट में एक रेखा ऐसी थी जिसका तत्व यहां धरती पर उस समय तक किसी वैज्ञानिक ने नहीं खोजा था। इसलिए बहुत साल तक यह खोज यूं ही पड़ी रह गई।

अंत में 1894 ई. में इंग्लैंड के दो प्रसिद्ध वैज्ञानिक जॉन विलियम रैले (1842-1919 ई.) और विलियम रामजे (1852-1916 ई.) ने वायु में दो नए तत्व खोजे। ये दो तत्व थे – हीलियम और ऑर्गन। हीलियम वही तत्व था जो सबसे पहले सूर्य के वर्णक्रमपट में देखा गया था।

लेकिन मेंडेलीफ की आवर्त्त-तालिका में इन दो नए तत्वों का स्थान कहां है ? मेंडेलीफ की आवर्त्त-तालिका में इन नए तत्वों के लिए कोई स्थान खाली नहीं था !

तो क्या आवर्त्त-तालिका गलत थी ?

या, ये नए तत्व असल में मूलतत्व नहीं थे ?

खोज जारी रही। कुछ दिनों बाद रामजे ने हीलियम और ऑर्गन की तरह के और तत्व खोजे – निऑन, क्रिप्टान और जीनॉन। ये सारे तत्व समान गुणधर्मों वाले थे। ये गैसें बहुत ही अल्प मात्रा में वायु में पाई जाती हैं। इन गैसों की विशेषता यह है कि ये किसी भी अन्य तत्व के साथ मिलकर यौगिक नहीं बनातीं। इसीलिए इनको 'अक्रिय गैस' कहा जाता है।

इन सारी अक्रिय गैसों के लिए मेंडेलीफ की आवर्त्त-तालिका में कोई स्थान खाली नहीं था।

तब ?

असल में सारी अक्रिय गैसें एक ही परिवार की सदस्य हैं। और, यही कारण है कि आवर्त्त-तालिका में शुरू में इनके लिए कोई स्थान नहीं था। लेकिन इन्हें एक समूह या परिवार मानने पर तालिका में इनके लिए एक स्तंभ (कॉलम) में स्थान आसानी से बन जाता है।

इस प्रकार, इन नई गैसों की खोज से आवर्त्त-तालिका को और भी अधिक बल मिला। इसके बाद आवर्त्त-तालिका की सचाई के बारे में किसी को कोई संदेह नहीं रह गया।

सिद्ध हो गया कि मेंडेलीफ की आवर्त्त-तालिका भौतिक-जगत का एक व्यापक और शक्तिशाली नियम है।

16

साल गुजरते गए। मेंडेलीफ अब बूढ़े हो चले थे। फिर भी वह काम करते रहे। आंखों की ज्योति मंद पड़ जाने पर भी वह काम करते रहे।

जीवन के अंतिम दिनों में उन्होंने 'मेरे विचार' नाम से एक ग्रंथ भी लिखा।

जनवरी, 1907 के शुरू के एक दिन की बात है। मेंडेलीफ बांट-तोल संस्थान का तब भी काम देख रहे थे। उस दिन उद्योग व व्यापार के मंत्री फिलोसोफोव संस्थान को देखने आए थे। मेंडेलीफ ने स्वयं मंत्री को संस्थान के सारे कामों का परिचय कराया। बाद में वह मंत्री को उनकी गाड़ी तक पहुंचाने नीचे उतरे। बाहर ठंडी हवा चल रही थी। 73 साल के वयोवृद्ध मेंडेलीफ जाड़ा खा गए। उन्हें निमोनिया हो गया।

मेंडेलीफ की एक रिश्तेदार कापुस्तिना-बुबकिना ने उनकी अंतिम घड़ी के बारे में कुछ जानकारी दी है। बताया जाता है कि अंतिम समय तक मेंडेलीफ के हाथ में कलम थी। मृत्यु के समय भी उनके हाथ में कलम थी ...

मेंडेलीफ : मृत्यु के वर्ष 1907 ई. में

संसार के इस महान वैज्ञानिक की 20 जनवरी, 1907 को मृत्यु हुई। मृत्यु के समय मेंडेलीफ की आयु 73 साल की थी।

मेंडेलीफ के जीवन-काल तक 86 तत्व खोजे जा चुके थे। आज यदि तुम आवर्त्त-तालिका को देखो, तो उसमें तुम्हें 110 के आसपास तत्व दिखाई देंगे। आज की आवर्त्त-तालिका में तुम यह भी देखोगे कि 101 नंबर के तत्व का नाम 'मेंडेलेवियम' (Mendelevium) है !!

मेंडेलीफ की महान खोज 'आवर्त्त-तालिका' में स्वयं उनके नामवाला एक तत्व!!

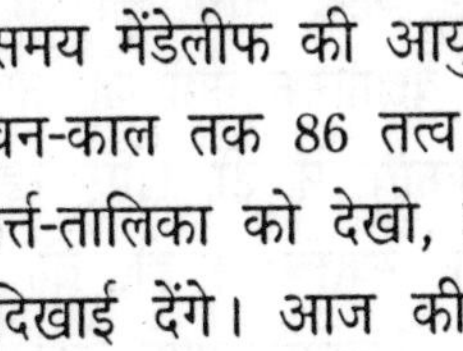

13

तुमने मेंडेलीफ की जीवनी पढ़ी। तुमने उनकी महान खोजों के बारे में भी पढ़ा। तुमने यह भी जाना कि कष्ट चाहे कितने भी हों, उन्होंने हमेशा अपने देश की जनता का पक्ष लिया।

आज मेंडेलीफ के देश में जनता का राज्य है। लेकिन मेंडेलीफ के समय में वहां जार का शासन था। जनता अपार कष्ट भोग रही थी। मेंडेलीफ वैज्ञानिक थे, पर ऐसे वैज्ञानिक नहीं जो अपनी प्रयोगशाला और अपने खोजकार्य में ही खोए रहते हों। जनता यदि सुखी न हो, स्वतंत्र न हो, तो वैज्ञानिक खोजों का क्या लाभ? मेंडेलीफ अपने देश की जनता को जार के जुए से मुक्त देखना चाहते थे। वह भलीभांति जानते थे कि देश में जनता का राज्य होगा, देश के हर नागरिक को बराबरी के अधिकार प्राप्त होंगे, तभी देश की जनता अमन और चैन से रह सकेगी। इसीलिए उन्होंने कहा था –

"यदि हमारे देश में विदेश के अच्छे विचार आते हैं, समाजवाद आता है, तो मुझे उसका भय नहीं है।

मेंडेलीफ : ऑक्सफोर्ड विश्वविद्यालय की सम्मान-उपाधि प्राप्त करते हुए (1894 ई.)

मेरा अपने देश की जनता में पक्का विश्वास है। मेरे देश की जनता ने तार्तारों (मंगोलों) के जुए को उतार फेंका था; मेरे देश की जनता ने सामंती शासन को भी खत्म कर दिया है।"

मेंडेलीफ के बचपन में रूस में अभी रेल नहीं आई थी, पर बाद में उनकी ढलती उम्र में रूस में रेल शुरू हो गई थी। मेंडेलीफ हमेशा तीसरे दर्जे में यात्रा करते थे।

क्यों तीसरे दर्जे में यात्रा करते थे, जानते हो ?

इसलिए कि तीसरे दर्जे में यात्रा करनेवाले गरीब किसान लोगों के साथ वह घुल-मिलकर बातचीत कर सकें।

तुम पढ़ ही चुके हो कि जनता से प्यार करने और जार के शासन की कटु आलोचना करने का मेंडेलीफ को क्या फल मिला। वह अपने ही देश की विज्ञान अकादमी के सदस्य नहीं चुने जा सके ! विद्यार्थियों का पक्ष लेने के कारण उन्हें सेंट-पीटरबर्ग विश्वविद्यालय से त्यागपत्र देने के लिए मजबूर होना पड़ा।

पर मेंडेलीफ की कीर्ति सारे वैज्ञानिक जगत में फैल चुकी थी।

यूरोप और अमरीका की वैज्ञानिक संस्थाओं ने उन्हें अपना सम्मानित सदस्य बनाया। प्रिंसटन, कैम्ब्रिज, ऑक्सफोर्ड और गॉटिंगेन जैसे प्रसिद्ध विश्वविद्यालयों ने उन्हें 'डाक्टर' की उपाधियां प्रदान कीं।

एक बार का किस्सा है। इंग्लैड की रसायन सोसायटी ने अपना प्रसिद्ध 'डेवी-पदक' मेंडेलीफ को प्रदान करने के लिए एक समारोह आयोजित किया। जानते हो न डेवी कौन थे ? इंग्लैंड के वही महान वैज्ञानिक हम्फ्री डेवी (1778-1829 ई.), जिन्होंने बहुत-से नए तत्व खोजे थे।

इस समारोह में 'डेवी-पदक' के साथ मेंडेलीफ को रुपयों की एक थैली भी भेंट की गई।

मेंडेलीफ ने उन रुपयों का क्या किया ?

उन्होंने उसी समारोह में उस थैली के सिक्के मेज पर उँडेल दिए और भाव-भरे शब्दों में बोले : "मैं इस स्थान पर ये रुपए

स्वीकार नहीं कर सकता। यह स्थान हमें उस महान वैज्ञानिक के अथक परिश्रमों की याद दिलाता है। यहां पैसा स्वीकार करना गुनाह है। मेरे लिए यही बहुत बड़ी बात है कि सोसायटी ने मुझे 'डेवी-पदक' देकर सम्मानित किया।"

ऐसी थी मेंडेलीफ की विज्ञान के प्रति भक्ति ! वह स्वभाव से ही भावुक थे। रूस के महान लेखक लियो तॉलस्तोय (1825-1910 ई.) उनके आदर्श थे। तॉलस्तोय की तरह वह भी ढीले-ढाले कपड़े पहनते थे। इस ढीली-ढाली पोशाक में लंबी दाढ़ीवाला उनका चेहरा पुराने जमाने के किसी ऋषि-मुनि जैसा लगता था। नाटक देखने के लिए तो उन्हें फुरसत नहीं मिलती थी; पर चित्रों को देखने का और अच्छा संगीत सुनने का उन्हें बहुत शौक था। उनके अध्ययन-कक्ष में लेवाशिए, न्यूटन, गैलीलियो और फैराडे जैसे महान वैज्ञानिकों के चित्र सजे हुए थे। ये चित्र उनकी दूसरी पत्नी अन्ना पोपोवा ने खुद बनाए थे !

आज यदि तुम किसी स्कूल-कालेज की प्रयोगशाला में जाओ तो वहां न्यूटन, गैलीलियो, फैराडे आदि के चित्रों के साथ तुम्हें मेंडेलीफ का चित्र भी जरूर देखने को मिलेगा। रसायन-विज्ञान की प्रयोगशाला में या कक्षा में तो मेंडेलीफ की 'आवर्त्त-तालिका' जरूर ही देखने को मिलेगी। जिस साल मेंडेलीफ की मृत्यु हुई (1907 ई.), उसी साल रूस के एक प्रसिद्ध वैज्ञानिक और क्रांतिकारी मोरोजोव ने उनके बारे में लिखा था :

"न्यूटन, केपलर, डारविन तथा मार्क्स के सिद्धांतों की तरह मेंडेलीफ के अनुसंधान भी मानव-जाति की एक अमूल्य निधि

हैं। इन महापुरुषों के सिद्धांत आनेवाली पीढ़ियों का पथ-प्रदर्शन करते रहेंगे। यही वजह है कि न केवल वैज्ञानिक व विद्यार्थी, बल्कि जीवन के विविध व्यवसायों वाले सैकड़ों व्यक्ति मेंडेलीफ की शव-यात्रा में शामिल हुए थे। रूस के महान वैज्ञानिक एवं विद्वान पिजारेव, तुर्गनेव, दोब्रोल्युबोव आदि की कब्रों के साथ मेंडेलीफ की पार्थिव देह को दफनाया गया। उनकी शव-यात्रा के समय उनके विद्यार्थियों का समुदाय एक लंबे-चौड़े बोर्ड को ऊपर उठाए हुए आगे-आगे चल रहा था। उस बोर्ड पर अंकित थी मेंडेलीफ की महान खोज – **आवर्त्त-तालिका** !"

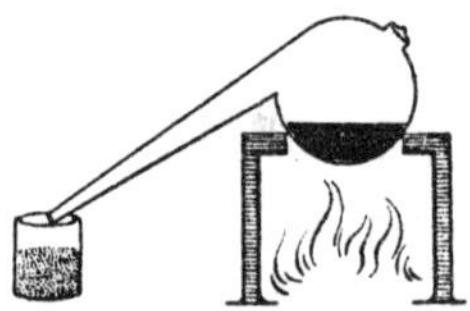

संक्षिप्त जीवनक्रम

जन्म : 7 फरवरी, 1834 । साइबेरिया के तोबोल्स्क नगर में।

पिता : इवान मेंडेलीफ।

माता : मारिया कोर्निलोफ।

शिक्षा : 1849 ई. तक तोबोल्स्क के स्कूल में और बाद में सेंट-पीटरबर्ग के प्रशिक्षण कॉलेज में।

1847 : पिता की मृत्यु।

1850 : मां की मृत्यु।

1853 : कंठ-रक्तस्राव की बीमारी।

1855 : स्नातक बने।

1857 : सेंट-पीटरबर्ग विश्वविद्यालय में रसायन-विज्ञान के अध्यापक नियुक्त हुए।

1859-61 : जर्मनी में खोजकार्य।

1862 : पहला विवाह।

1865 : रसायन-विज्ञान में 'डाक्टर' की उपाधि मिली।

1867 : सेंट-पीटरबर्ग विश्वविद्यालय में अकार्बनिक रसायन के प्राध्यापक नियुक्त हुए।

1869 : आवर्त्त-तालिका की खोज। 'रसायन-विज्ञान के मूलाधार' ग्रंथ लिखा।

1880 : अन्ना पोपोवा से दूसरा विवाह।

1890 : विश्वविद्यालय से इस्तीफा।

मृत्यु : 20 जनवरी, 1907।

तत्वों की खोज का विवरण

क्र.	संकेत व नाम	खोज की तिथि	खोजकर्ता	विवरण
1.	हाइड्रोजन (**H**, Hydrogen)	1766	केवेंडिश (इंग्लैंड)	यह फ्रांसीसी शब्द hydrogene से बना है, जिसका अर्थ है 'पानी पैदा करने वाला'।
2.	हीलियम (**He**, Helium)	1868	जानसेन (फ्रांस) लॉकयेर (इंग्लैंड)	यह यूनानी helios (= सूर्य) से बना है। सर्व-प्रथम सूर्य के वर्णक्रम में इसका पता चला था।
3.	लिथियम (**Li**, Lithium)	1817	आर्फवेड्सन (स्वीडन)	यूनानी शब्द lithos (= पत्थर) से बना है।
4.	बेरीलियम (**Be**, Beryllium)	1798	वैक्यूलीं (फ्रांस)	इसके खनिज beryl से यह नाम पड़ा।
5.	बोरॉन (**B**, Boron)	1808	डेवी (इंग्लैंड) गे-लुसाक व थेनार्ड (फ्रांस)	इसके यौगिक Borax से यह नाम पड़ा।
6.	कार्बन (**C**, Carbon)	प्राचीन		लैटिन शब्द Carbo (= काठकोयला) से। सन् 1787 में लेवाशिए ने स्पष्ट किया कि यह एक तत्व है।
7.	नाइट्रोजन (**N**, Nitrogen)	1772	रदरफोर्ड (इंग्लैंड)	फ्रांसीसी शब्द Nitrogene से बना है, जिसका अर्थ होता है, नाइटर (शोरा) बनाने वाला। हवा के एक घटक के रूप में इसकी पहचान

			केवेंडिश, प्रिस्टले व शीले ने लगभग साथ-साथ की थी।
8. आक्सीजन (**O,** Oxygen)	1774	शीले (स्वीडन) प्रिस्टले (इंग्लैंड)	फ्रांसीसी शब्द Oxygene से, जिसका अर्थ है 'अम्ल पैदा करने वाला'। इसके रासायनिक गुणधर्म लेवाशिए ने निर्धारित किए थे।
9. फ्लोरीन (**F,** Fluorine)	1771	शीले (स्वीडन)	लैटिन Fluere(= बहने वाला) से, क्योंकि धातु-शोधन में इसका उपयोग अशुद्धियां हटाने के लिए होता है।
10. निऑन (**Ne,** Neon)	1898	रामसे व ट्रैवर्स (इंग्लैंड)	यूनानी शब्द Neon (=नवीन) से। यह हलकी दुर्लभ गैस है।
11. सोडियम (**Na,** Sodium)	1907	डेवी (इंग्लैंड)	इसके यौगिक प्राचीन काल से ज्ञात। इसका **Na** चिह्न Natrium शब्द से बना है।
12. मैगनीशियम (**Mg,** Magnesium)	1808	डेवी (इंग्लैंड)	पश्चिमी तुर्की के प्राचीन मैगनीशिया प्रदेश में मिलने वाले पत्थर के नाम पर। खनिज प्राचीन काल से ज्ञात।
13. एल्यूमिनियम (**Al,** Aluminium)	1825	ओएरस्टेड (डेनमार्क)	Alum (=फिटकरी) से। इसके यौगिक प्राचीन काल से ज्ञात रहे हैं।
14. सिलिकान (**Si,** Silicon)	1823	बर्जेलियूस (स्वीडन)	लैटिन शब्द Silex (= चकमक) से। इसके

			यौगिक प्राचीन काल से ज्ञात रहे हैं।
15. फॉस्फोरस (**P,** Phosphorus)	1669	ब्रांड (जर्मनी)	यूनानी शब्द Phosphoros (= प्रकाश देने वाला) से।
16. सल्फर, गंधक (**S,** Sulphur)	प्राचीन काल से ज्ञात		लैटिन Sulphur (= गंधक, संस्कृत : शुल्वारि)।
17. क्लोरीन (**Cl,** Clorine)	1774	शीले (स्वीडन)	यूनानी 'क्लोरोस्' (= हरा-पीला) से। यौगिक प्राचीन काल से ज्ञात रहे हैं।
18. ऑर्गन (**Ar**, Argon)	1894	रैले व रामसे (इंग्लैंड)	यूनानी शब्द Argon (= सुस्त) से। अभिक्रिया करने में यह गैस अत्यंत सुस्त है।
19. पोटेशियम (**K,** Potasium)	1807	डेवी (इंग्लैंड)	यौगिक प्राचीन काल से ज्ञात रहे हैं। **K** संकेत लैटिन शब्द Kalium (एक पौधा) से बना है।
20. केल्सियम (**Ca,** Calcium)	1808	डेवी (इंग्लैंड)	लैटिन Calx (= चूना) से। यौगिक प्राचीन काल से ज्ञात रहे हैं।
21. स्कैंडियम (**Sc,** Scandium)	1897	निल्सन व क्लीव (स्कैंडेनेविया)	मेंडेलीफ ने 'एक-बोरोन' के रूप में इसकी भविष्यवाणी की थी। इसके दोनों आविष्कर्ता स्कैंडेनेविया के निवासी थे, इसलिए यह नाम।
22. टाइटेनियम (**Ti,** Titanium)	1891	ग्रेगोर (इंग्लैंड)	यूनानी दैत्य Titans के नाम पर।
23. वनैडियम (**V,** Vanadium)	1830	सेफस्ट्रोम (स्वीडन)	नार्वे की प्रेम तथा सौंदर्य की देवी Vanadis

			के नाम पर।
24. क्रोमियम (**Cr,** Chromium)	1797	वैक्यूलीं (फ्रांस)	यूनानी शब्द Chromos (= रंग) से।
25. मेंगनीज (**Mn,** Manganese)	1774	शीले व गाहन (स्वीडन)	यह इतालवी शब्द लैटिन के Magnesius (= चुंबकीय) से बना है।
26. लोहा (**Fe,** Iron)	प्राचीन काल से ज्ञात		**Fe** संकेत लैटिन Ferrum (= लोहा) से। पहली बार संभवतः उल्का-प्रस्तरों से प्राप्त।
27. कोबाल्ट (**Co,** Cobalt)	1735	ब्रांड्ट (जर्मनी)	जर्मन Kobold (= भूत) से। कुछ अयस्कों से तांबा निकालते समय तांबे के स्थान पर कोबाल्ट मिल जाता था। इसका कारण भूत-बाधा मानी जाती थी।
28. निकेल (**Ni,** Nickel)	1751	क्रोनस्टेड्ट (स्वीडन)	जर्मन Kupfer Nickel (= निकम्मा तांबा) से।
29. तांबा (**Cu,** Copper)	प्राचीन काल से ज्ञात		लैटिन शब्द Cuprum या Cyprium से। रोमन काल में तांबा साइप्रस द्वीप से प्राप्त किया जाता था।
30. जस्ता (**Zn,** Zinc)	प्राचीन काल से ज्ञात		जर्मन शब्द Zink से। पीतल के रूप में प्राचीन काल से ज्ञात।
31. गैलियम (**Ga,** Gallium)	1875	लेकॉ द बॉयसबौद्रां (फ्रांस)	लैटिन Gallia (= फ्रांस) के नाम पर। मेंडेलीफ द्वारा 'एक-एल्यूमिनियम' के रूप में इसकी

			भविष्यवाणी।
32. जर्मेनियम (**Ge,** Germanium)	1886	विंकलेर (जर्मनी)	लैटिन Germania (= जर्मनी) के नाम पर। मेंडेलीफ द्वारा 'एक-सिलिकान' के रूप में इसकी भविष्यवाणी।
33. आर्सेनिक, संखिया (**As,** Arsenic)	यौगिक प्राचीन काल से ज्ञात		यूनानी शब्द Arsenikon (= पीला रंग) से।
34. सेलेनियम (**Se,** Selenium)	1817	बर्जेलियूस व गाहन (स्वीडन)	यूनानी शब्द Selene (= चंद्र) से। यह नाम Tellurium तत्व (Tellus = पृथ्वी) से मिलता-जुलता है।
35. ब्रोमीन (**Br,** Bromine)	1826	बालार (फ्रांस)	यूनानी शब्द Bromos (= दुर्गंध) से।
36. क्रिप्टान (**Kr,** Krypton)	1898	रामसे व ट्रेवर्स (इंग्लैंड)	यूनानी शब्द Kryptos (= छिपा हुआ) से। वायुमंडल में खोजा गया।
37. रुबिडियम (**Rb,** Rubidium)	1861	बुन्सेन व किरचाफ (जर्मनी)	लैटिन शब्द Rubidus (= लाल) से। वर्णक्रम की रेखाओं में खोजा गया।
38. स्ट्रांशियम (**Sr,** Strontium)	1787	क्राफोर्ड (इंग्लैंड)	खनिज Strontionite < Strontian (= स्काटलैंड) के नाम पर। स्ट्रांशियम धातु डेवी ने तैयार की थी।
39. इट्रियम (**Y,** Yttrium)	1794	गेडोलिन (फिनलैंड)	स्वीडन के Ytterby (इटरबाई) नामक स्थान

			पर। इस धातु को वोह्लेर ने 1828 में तैयार किया था।
40. जिराकॉनियम (**Zr,** Zirconium)	1789	क्लापरॉथ (जर्मनी)	इसे खनिज Zircon से बर्जेलियूस ने 1824 में अलग किया।
41. नियोबियम (**Nb,** Niobium)	1801	हाचेट (इंग्लैंड)	यूनानी कथाओं में टैंटालम की पुत्री का नाम। पहले समझा गया था कि नियोबियम और टैंटालम (नं. 73) मिलते-जुलते तत्व हैं।
42. मालिबडनम (**Mo,** Molybdenum)	1778	शीले (स्वीडन)	यूनानी Molybdos (=सीसा) से। इस धातु को बर्जेलियूस ने 1817 में तैयार किया था।
43. टेकनीशियन (**Te,** Technetium)	1937	पेरियर व सेग्रे (इटली)	यूनानी Technetos(=कृत्रिम) से। यह मनुष्य द्वारा बनाया गया पहला कृत्रिम तत्व था।
44. रुथेनियम (**Ru,** Ruthenium)	1944	क्लाउस (रूस)	लैटिन शब्द Ruthenia (= रूस) से।
45. रोडियम (**Rh,** Rhodium)	1803	वोल्लस्टोन (इंग्लैंड)	यूनानी शब्द Rhodon (=गुलाब) से। इस तत्व के लवण गुलाबी रंग के होते हैं।
46. पलैडियम (**Pd,** Palladium)	1803	वोल्लस्टोन (इंग्लैंड)	1801 में खोजे गए Pallas (पालास) नामक लघुग्रह के नाम पर।
47. चांदी, सिल्वर (**Ag,** Silver)	प्राचीन काल से ज्ञात		**Ag** संकेत लैटिन के Argentum (=चांदी) शब्द से।

48. कैडमियम (**Ca,** Cadmium)	1817	स्ट्रोमेयेर (जर्मनी)	लैटिन Cadmia < Calamine (=रसक) से।
49. इंडियम (**In,** Indium)	1863	राइख व रिख़्टेर (जर्मनी)	लैटिन शब्द Indicum (=नील) से। वर्णक्रम में नील के रंग की रेखाओं से इस धातु की खोज हुई।
50. टिन (**Sn,** Tin)	प्राचीन काल से ज्ञात		लैटिन Stannum (=टिन) से। कांसे (टिन और तांबे के मिश्रण) को 3000 ई.पू. में तैयार किया गया था।
51. एंटिमोनी (**Sb,** Antimony)	प्राचीन काल से ज्ञात		लैटिन शब्द Antimonium से। **Sb** संकेत प्राचीन लैटिन नाम Stibium से लिया गया है।
52. टेल्यूरियम (**Te,** Tellurium)	1782	मूलेर फोन राइखेनस्टाइन (हंगरी)	लैटिन शब्द Tellus (= पृथ्वी) से।
53. आयोडीन (**I,** Iodine)	1811	कोर्तोई (फ्रांस)	यूनानी शब्द Iodes (= बैंगनी रंग) से।
54. जीनॉन (**Xe,** Xenon)	1898	रामसे व ट्रेवर्स (इंग्लैंड)	यूनानी शब्द Xenon (= अपरिचित) से। इसे वायुमंडल में खोजा गया।
55. सीजियम (**Cs,** Caesium)	1860	बुन्सेन व किरचाफ (जर्मनी)	लैटिन शब्द Caesium (= नीला) से। वर्णक्रम में नीली रेखाओं के आधार पर इस तत्व की खोज हुई।
56. बेरियम (**Ba,** Indium)	1774	शीले व काहन (स्वीडन)	यूनानी शब्द Barys (= भारी) से। बेरियम

			धातु को डेवी ने 1808 में तैयार किया।
57. लैंथनम (**La**, Lanthanum)	1839	मोसांडेर (स्वीडन)	यूनानी Lanthanein (= छिपा होना) से। इस धातु को हिलेब्रांड व नोर्टोन ने 1875 में प्राप्त किया।
58. सीरियम (**Ce**, Cerium)	1803	बर्जेलियूम व हिसिंगेर (स्वीडन)	सन् 1801 में खोजे गए Ceres (कृषि की देवी) लघुग्रह के नाम पर। हिलेब्रांड व नोर्टोन ने 1875 में इसे धातु रूप में प्राप्त किया।
59. प्रेसीओडीमियम (**Pr**, Praseodymium)	1885	फोन वेल्सबाख़ (आस्ट्रिया)	यूनानी Prasios (=हरा) और Didymos (= जुड़वां) शब्दों के आधार पर। इस धातु को जर्मनी में 1902 में तैयार किया गया।
60. नियोडीमियम(**Nd**, Neodymium)	1885	फोन वेल्सबाख़ (आस्ट्रिया)	यूनानी Neo (= नया) और Didymos (= जुड़वां) शब्दों के आधार पर। धातुरूप में 1902 में प्राप्त।
61. प्रोमीथियम (**Pm**, Promethium)	1945	अमरीका में	यूनानी आख्यान-पुरुष प्रोमेथियस के नाम पर। यह तत्व यूरेनियम के विखंडन-उत्पाद में प्राप्त किया।
62. समैरियम (**Sm**, Samarium)	1879	लेकॉ दे बॉयसबॉद्रां (फ्रांस)	रूसी अधिकारी समरस्की के नाम वाले Samarskite खनिज के आधार पर। धातु

			1902 में प्राप्त।
63. यूरोपियम (**Eu,** Europium)	1896	देमार्की (फ्रांस)	यूरोप महाद्वीप के नाम पर। इसे त्रोंबी (फ्रांस) ने 1938 में धातुरूप में प्राप्त किया।
64. गैडोलिनियम (**Gd,** Gadolinium)	1886	लेकॉ दे बॉयसबॉद्रां (फ्रांस)	फिनलैंड के रसायनज्ञ गैडोलिन के नाम पर। इसे त्रोंबी (फ्रांस) ने 1935 में धातुरूप में प्राप्त किया।
65. टर्बियम (**Tb,** Terbium)	1843	मोसांडेर (स्वीडन)	स्वीडन के Ytterby स्थान के नाम पर। इसे अमरीका में 1953 में धातुरूप में प्राप्त किया गया।
66. डायसप्रोसियम (**Dy,** Dysprosium)	1886	लेकॉ दे बॉयसबॉद्रां (फ्रांस)	यूनानी शब्द Dysprositos (= कठिनाई से मिलना) के आधार पर। वर्णक्रम अध्ययन से प्राप्त। त्रोंबी (फ्रांस) ने 1945 में धातुरूप में प्राप्त किया।
67. हॉल्मियम (**Ho,** Holmium)	1879	क्लीव (स्वीडन)	लैटिन Holmia (= स्टाकहोम) से। इस धातु को अमरीका में 1953 में तैयार किया गया।
68. अर्बियम (**Er,** Erbium)	1843	मोसांडर (स्वीडन)	स्वीडन के यटर्बी नामक स्थान के आधार पर। धातु अमरीका में 1953 में तैयार की गई।
69. थुलियम (**Tm,** Thulium)	1879	क्लीव (स्वीडन)	स्कैंडेनेविया के पुराने नाम Thulia के आधार

			पर। धातु अमरीका में 1953 में तैयार की गई।
70. यटर्बियम (**Yb,** Ytterbium)	1878	मारिग्नेक (स्विट्ज़रलैंड)	स्वीडन् के Ytterby नामक स्थान के आधार पर। धातु अमरीका में 1953 में तैयार की गई।
71. ल्यूटेशियम (**Lu,** Lutetium)	1907	उरबेइन (फ्रांस) व फोन वेल्सबाख़ (आस्ट्रिया)	पेरिस के पुराने रोमन नाम Lutetia के आधार पर। धातु अमरीका में 1954 में तैयार की गई।
72. हैफनियम (**Hf,** Hafnium)	1923	कॉस्टर व हेवेसी (डेनमार्क)	कोपेनहेगन के लैटिन नाम Hafnia के आधार पर। एक्स-रे वर्णक्रम अध्ययन में खोज।
73. टैंटालम (**Ta,** Tantalum)	1802	एकेबर्ग (स्वीडन)	यूनानी देवता ज्यूस् के पुत्र टैंटालस के नाम पर। उसे ठुड्डी तक पानी में खड़े रहने का दंड दिया गया था। जैसे ही वह पानी पीने की कोशिश करता, पानी नीचे चला जाता। टैंटालस को पानी की तरह इस तत्व को प्राप्त करने में कठिनाई हुई, इसलिए यह नाम। यह धातु अमरीका में 1905 में तैयार की गई।
74. टंगस्टन (**W,** Tungsten)	1783	शीले (स्वीडन)	स्वीडिश शब्द Tung + stem (=भारी + पत्थर) से। **W** संकेत Wolfram (=टंगस्टन) शब्द से बना है। यह धातु स्वीडन में 1954 में तैयार की गई।

75. रेनियम (**Re,** Rhenium)	1925	नोडाक, टाके व बर्ग (जर्मनी)	जर्मनी की राइन नदी के लैटिन नाम Rhenus के आधार पर। एक्स-रे वर्णक्रम अध्ययन में खोज। इस धातु को नोडाक व टाके ने 1928 में तैयार किया।
76. ऑसमियम (**Os,** Osmium)	1904	टेनांट (इंग्लैंड)	यूनानी शब्द Osme (= गंध) से।
77. इरिडियम (**Ir,** Iridium)	1904	टेनांट (इंग्लैंड)	लैटिन शब्द Iris (= इंद्रधनुष) से।
78. प्लैटिनम (**Pt,** Platinum)	प्राचीन काल से ज्ञात		स्पेनिश शब्द Platina (=चांदी) से। इसका विस्तृत विवरण उल्लोआ (स्पेन) ने 1748 में प्रस्तुत किया।
79. स्वर्ण, गोल्ड (**Au,** Gold)	प्राचीन काल से ज्ञात		इसका **Au** संकेत लैटिन शब्द Aurum (=सोना) से बना है।
80. पारा, मर्करी (**Hg,** Mercury)	प्राचीन काल से ज्ञात		Mercury (=बुध) ग्रह व देवता के नाम पर। इसका **Hg** संकेत यूनानी शब्द Hydrargyrum (=तरल चांदी) शब्द से बना है।
81. थैलियम (**Tl,** Thallium)	1861	क्रूकेस (इंग्लैंड)	लैटिन शब्द Thallus (=नवजात) से। वर्णक्रम विधि से खोज। धातु लेमी (फ्रांस) ने 1861 में प्राप्त की।
82. सीसा, लेड (**Pb,** Lead)	प्राचीन काल से ज्ञात		प्राचीन अंग्रेजी नाम। इसका **Pb** संकेत

			लैटिन शब्द Plumbum (=सीसा) से बना है।
83. बिस्मथ (**Bi,** Bismuth)	मध्ययुग से ज्ञात		लैटिन Bisemutum और जर्मन Wismut शब्द से।
84. पोलोनियम (**Po,** Polonium)	1898	प्येअर व मारी क्यूरी (फ्रांस)	मारी क्यूरी की जन्मभूमि Polonia (पोलैंड) के नाम पर। इसे रेडियोमेट्रिक विधि से खोजा गया था।
85. एस्टेटीन (**At,** Astatine)	1940	कोर्सोन, मेकेंजी व सेग्रे (अमरीका)	यूनानी शब्द Astatos (=अस्थिर) से। प्रकृति में 1943 में खोजा गया।
86. रेडान (**Rn,** Radon)	1900	डोर्न (जर्मनी)	रेडियम के क्षय होने पर उत्पाद के रूप में यह गैस पाई गई। निष्क्रिय गैसों की तरह इसके साथ भी 'on' जोड़कर यह शब्द बनाया गया।
87. फ्रांसियम (**Fr,** Francium)	1898	पेरी (फ्रांस)	फ्रांस के नाम पर। इसे रेडियोमेट्रिक विधि से खोजा गया था। सन् 1935 में संश्लेषण।
88. रेडियम (**Ra,** Radium)	1898	मारी क्यूरी व बेमां (फ्रांस)	लैटिन Radius (=किरण) के आधार पर। इसे रेडियोमेट्रिक विधि से खोजा गया था। रेडियम धातु मारी क्यूरी ने तैयार की थी।
89. ऐक्टिनियम (**Ac,** Actinium)	1899	डेबिएरने (फ्रांस)	यूनानी शब्द Actis (=किरण) के आधार पर। इसे धातुरूप में अमरीका में 1953 में

			तैयार किया गया।
90. थोरियम (**Th,** Thorium)	1828	बर्जेलियूस (स्वीडन)	बिजली की गरज के नॉर्स देवता Thor के नाम पर। इसे 'थोराइट' खनिज से प्राप्त किया गया था।
91. प्रोटाएक्टिनियम (**Pa,** Protactinium)	1918	माइटनेर, हाहन	इसके क्षय होने पर ऐक्टिनियम पैदा होता है, इसलिए इसे यह नाम दिया गया।
92. यूरेनियम (**U,** Uranium)	1789	क्लापरोथ (जर्मनी)	यूरेनस देवता व ग्रह के नाम पर।
93. नेपच्यूनियम (**Np,** Neptunium)	1940	मैकमिलन व आबेलसन (अमरीका)	यूरेनस के बाद के नेपच्यून ग्रह के नाम पर। धातुरूप में 1944 में तैयार किया गया।
94. प्लूटोनियम (**Pu,** Plutonium)	1940	जिबोर्ग, मैकमिलन, केनेडी व वाहल (अमरीका)	यूरेनस के बाद के प्लूटो ग्रह के नाम पर। धातुरूप में 1942 में तैयार किया गया।
95. अमेरिशियम (**Am,** Americium)	1945	जिबोर्ग, जेम्स, मोर्गन व घिओर्सो (अमरीका)	अमरीका के नाम पर। धातुरूप में 1951 में तैयार किया गया।
96. क्यूरियम (**Cm,** Curium)	1944	जिबोर्ग, जेम्स, व घिओर्सो(अमरीका)	मारी क्यूरी और प्येअर क्यूरी के नाम पर। इसे धातुरूप में 1964 में तैयार किया गया।
97. बर्केलियम (**Bk,** Berkelium)	1949	जिबोर्ग, टॉम्पसन व घिओर्सो (अमरीका)	बर्कले स्थित कैलिफोर्निया विश्वविद्यालय के नाम पर, क्योंकि अधिकांश कृत्रिम तत्व यहीं पर खोजे गए। धातुरूप में 1965 में तैयार

			किया गया।
98. कैलिफोर्नियम (**Cf,** Californium)	1949	जिबोर्ग, टॉम्पसन, स्ट्रीट व घिओर्सो (अमरीका)	कैलिफोर्निया राज्य में स्थित कैलिफोर्निया विश्वविद्यालय के नाम पर। धातुरूप में 1965 में तैयार किया गया।
99. आइंस्टीनियम (**Es,** Einsteinium)	1952	घिओर्सो और साथी (अमरीका)	अलबर्ट आइंस्टाइन (1879-1955 ई.) के नाम पर।
100. फर्मियम (**Fm,** Fermium)	1953	घिओर्सो और साथी (अमरीका)	एनरिको फर्मी (1900-54 ई.) के नाम पर।
101. मेंडेलेवियम (**Md,** Mendelevium)	1955	घिओर्सो व जिबोर्ग (अमरीका)	आवर्त्त-सारणी के आविष्कर्ता मेंडेलीफ (1834-1907) के नाम पर।
102. नोबेलियम (**Nb,** Nobelium)	1963	स्टाकहोम (स्वीडन) में	अल्फ्रेड नोबेल (1833-96 ई.) के नाम पर।
103. लारेंसियम (**Lr,** Lawrencium)	1962	घिओर्सो और साथी (अमरीका)	साइक्लोट्रान के आविष्कर्ता अमरीकी भौतिकवेत्ता अर्नेस्ट लारेंस (1901-56 ई.) के नाम पर।
104. कुर्चतोवियम (**Ku,** Kurchatovium)	1964	फ्लेरोव और साथी (रूस)	रूसी वैज्ञानिक कुर्चतोव (1903-60 ई.) के नाम पर।
105. नील्सबोरियम (**Ns,** Nielsborium)	1970	फ्लेरोव और साथी (रूस)	वैज्ञानिक नील्स बोर (1885-1962 ई.) के नाम पर।

आवर्त्त-सारणी का वर्तमान विस्तृत रूप

1 H																	2 He
3 Li	4 Be											5 B	6 C	7 N	8 O	9 F	10 Ne
11 Na	12 Mg											13 Al	14 Si	15 P	16 S	17 Cl	18 Ar
19 K	20 Ca	21 Sc	22 Ti	23 V	24 Cr	25 Mn	26 Fe	27 Co	28 Ni	29 Cu	30 Zn	31 Ga	32 Ge	33 As	34 Se	35 Br	36 Kr
37 Rb	38 Sr	39 Y	40 Zr	41 Nb	42 Mo	43 Tc	44 Ru	45 Rh	46 Pd	47 Ag	48 Cd	49 In	50 Sn	51 Sb	52 Te	53 I	54 Xe
55 Cs	56 Ba	57-71 La	72 Hf	73 Ta	74 W	75 Re	76 Os	77 Ir	78 Pt	79 Au	80 Hg	81 Tl	82 Pb	83 Bi	84 Po	85 At	86 Rn
87 Fr	83 Ra	89-103 Ac	104 Ku	105 Ns	(106)	(107)	(108)	(109)	(110)	(111)	(112)	(113)	(114)	(115)	(116)	(117)	(118)

लेंथेनाइड

57 La	58 Ce	59 Pr	60 Nd	61 Pm	62 Sm	63 Eu	64 Gd	65 Tb	66 Dy	67 Ho	68 Er	69 Tm	70 Yb	71 Lu

एक्टिनाइड

89 Ac	90 Th	91 Pa	92 U	93 Np	94 Pu	95 Am	96 Cm	97 Bk	98 Cf	99 Es	100 Fm	101 Md	102 (No)	103 Lr